U0248084

废弃电器电子产品规范拆解处理作业及生产管理指南

（2015 年版）

参考资料汇编

中国外商投资企业协会投资性公司工作委员会　编著

中国环境出版社·北京

图书在版编目（CIP）数据

废弃电器电子产品规范拆解处理作业及生产管理指南/
中国外商投资企业协会投资性公司工作委员会编著. —
北京：中国环境出版社，2015.5
　　ISBN 978-7-5111-2315-2

　　Ⅰ. ①废… 　Ⅱ. ①中… 　Ⅲ. ①日用电气器具—废
弃物—废物处理—中国—指南②电子产品—废弃物—废
物处理—中国—指南　Ⅳ. ①X76-62

　　中国版本图书馆 CIP 数据核字（2015）第 057937 号

出 版 人	王新程
策划编辑	徐于红
责任编辑	赵楠婕
责任校对	尹　芳

出版发行　中国环境出版社
　　　　　（100062　北京市东城区广渠门内大街 16 号）
　　　　　网　　址：http://www.cesp.com.cn
　　　　　电子邮箱：bjgl@cesp.com.cn
　　　　　联系电话：010-67112765　编辑管理部
　　　　　　　　　　010-67121726　生态（水利水电）图书出版中心
　　　　　发行热线：010-67125803，010-67113405（传真）

印　　刷	北京中环盛元数字图文有限公司
经　　销	各地新华书店
版　　次	2015 年 5 月第 1 版
印　　次	2015 年 5 月第 1 次印刷
开　　本	880×1230　1/32
印　　张	12
字　　数	324 千字
定　　价	72.00 元

编 委 会

主编单位： 中国外商投资企业协会投资性公司工作委员会

编制单位： 中国家用电器协会

清华大学

东北大学资源与材料学院

参与单位： 四川省固体废物管理中心

上海市固体废物管理中心

浙江省固体废物监督管理中心

湖南省固体废物管理站

河南省固体废物管理中心

中国再生资源回收利用协会

中国循环经济协会

仁新电子废弃物资源再生利用（四川）有限公司

伟翔环保科技发展（上海）有限公司

四川长虹格润再生资源有限责任公司

上海新金桥环保有限公司

江苏苏北废旧汽车家电拆解再生利用有限公司

杭州松下大地同和顶峰资源循环有限公司

湖南绿色再生资源有限公司

序

　　受环境保护部固体废物和化学品管理技术中心的委托,中国外商投资企业协会投资性公司工作委员会主持开展了《废弃电器电子产品规范拆解处理作业及生产管理指南(2015 年版)》(环保部、工信部公告 2014 年第 82 号)(以下简称《拆解指南》)的编制工作,编制工作得到了财政部、环境保护部废弃电器电子产品处理基金项目的支持。

　　本《拆解指南》已经于 2014 年 12 月 5 日由环境保护部与工业和信息化部联合发布,并于 2015 年 1 月 1 日起实施。《拆解指南》的制定是中国废弃电器电子产品回收处理管理工作的重要部分。

　　为了帮助各相关部门、处理企业、第三方审核机构和社会各有关方面更好地理解《拆解指南》的内容,中国外商投资企业协会投资性公司工作委员会主持编写了本书。

　　《拆解指南》的出版对相关部门明确废弃电器电子产品处理要求具有重要的意义。同时,《拆解指南》对电器电子产品生产企业、废弃电器电子产品处理企业、第三方审核机构及社会各有关方面更好地掌握废弃电器电子产品回收处理要求将有很大帮助。

中国外商投资企业协会投资性公司工作委员会
2015 年 1 月 24 日

目　录

第四部分　处理基金

第五部分　发展规划

第六部分　处理资格许可

第七部分　其　他

—— 第一部分 ——

规范拆解处理作业及
生产管理指南

中华人民共和国环境保护部
中华人民共和国工业和信息化部
公 告

2014 年 第 82 号

为贯彻《废弃电器电子产品回收处理管理条例》，提高废弃电器电子产品处理基金补贴企业生产作业和环境管理水平，我们制定了《废弃电器电子产品规范拆解处理作业及生产管理指南（2015 年版）》，现予以公布，自 2015 年 1 月 1 日起施行。

附件：废弃电器电子产品规范拆解处理作业及生产管理指南（2015 年版）

环境保护部

工业和信息化部

2014 年 12 月 5 日

废弃电器电子产品规范拆解处理作业及生产管理指南

（2015 年版）

1 依据和目的

为贯彻《废弃电器电子产品回收处理管理条例》（国务院令第 551 号）、《电子废物污染环境防治管理办法》（原国家环境保护总局令第 40 号）及《废弃电器电子产品处理基金征收使用管理办法》（财综 [2012]34 号），提高废弃电器电子产品处理基金补贴企业规范生产作业和环境管理水平，保护环境，防治污染，制定本指南。

2 适用范围

本指南适用于列入《废弃电器电子产品处理基金补贴企业名单》（以下简称《名单》）的废弃电器电子产品处理企业（以下简称处理企业）。

其他具有废弃电器电子产品处理资格的企业可以参考本指南的内容合理安排有关生产作业和环境管理工作。

3 适用性

本指南中描述为"应当"、"确保"或者"不得"的内容为规范性要求，处理企业应当遵守；其他内容为指导性内容，处理企业可以结合实际情况参考借鉴。

4 基本要求

本部分规定了处理企业开展废弃电器电子产品拆解处理活动应当具备的基本要求。

4.1 符合法律法规的要求

处理企业应当符合《废弃电器电子产品处理资格许可管理办法》（环境保护部令 第 13 号）、《废弃电器电子产品处理企业资格审查和许可指南》（环境保护部公告 2010 年第 90 号）、《关于完善废弃电器电子产品处理基金等政策的通知》（财综[2013]110 号）等有关政策法规的要求。

4.2 处理资格和基金补贴资格

处理企业应当取得《废弃电器电子产品处理资格证书》（以下简称《证书》），并经财政部、环境保护部会同发展改革委、工业和信息化部审查合格，方可列入《名单》。

列入《名单》的处理企业，可以对所处理的列入《废弃电器电子产品处理目录（第一批）》（国家发展和改革委员会、环境保护部、工业和信息化部公告 2010 年第 24 号，以下简称《目录》）的废弃电器电子产品申请基金补贴。

处理企业拆解处理废弃电器电子产品应当符合国家有关资源综合利用、环境保护的要求和相关技术规范，并经环境保护部按照制定的审核办法核定废弃电器电子产品拆解处理数量后，方可获得基金补贴。

4.3 处理能力和处理数量

处理企业各类废弃电器电子产品的年许可处理能力不得高于环境影响评价和竣工环境保护验收批复的年处理能力，年实际拆解处理量应当至少达到年许可处理能力的 20%，但最高不得高于年许可处理能力。

许可处理能力在一个自然年内发生变化的，各类废弃电器电子产品的年许可处理能力按如下公式计算：

$$年许可处理能力 = \sum_{i=1}^{n} \frac{《证书》_i 年许可处理能力}{12} \times 《证书》_i 实际有效期月数$$

原则上，各省（区、市）全部处理企业的年许可处理能力之和应当控制在本地区废弃电器电子产品处理发展规划的能力范围之内。

4.4 基金补贴业务独立管理

厂区基金补贴范围产品的业务区域应当为集中、独立的一整块场地，布局合理，与实际处理能力匹配，只设一个货物进出口。

处理企业同时从事基金补贴范围产品拆解处理之外的其他业务的（如：危险废物处理等），应当确保基金补贴范围内废弃电器电子产品的业务区域与其他业务的业务区域相独立。

基金补贴范围外的废弃电器电子产品的物流、拆解处理、信息系统、视频监控、贮存、财务管理等，可以参照基金补贴范围内的废弃电器电子产品管理要求设置，但应当单独管理，不得与基金补贴范围内的废弃电器电子产品混杂；与基金补贴范围内废弃电器电子产品的拆解处理业务共用生产线的，应当明确划分不同的拆解处理作业时间，不得混拆。

4.5 基金补贴范围的废弃电器电子产品

纳入基金补贴范围的废弃电器电子产品应当同时符合以下条件：

a. 按《废弃电器电子产品处理基金征收使用管理办法》享受补贴的产品；

b. 满足废弃电器电子产品处理企业补贴审核相关要求规定的废弃电器电子产品无害化处理数量核定原则。

基金补贴范围内的废弃电器电子产品不包括以下类别的废弃电器电子产品：

a. 工业生产过程中产生的残次品或报废品；

b. 海关、工商、质监等部门罚没并委托处置的电器电子产品；

c. 处理企业接收和处理的废弃电器电子产品不具有主要零部件的；

d. 处理企业不能提供相关处理数量的基础生产台账、视频资料等证明材料的，包括因故遗失相关原始凭证，或原始凭证损毁的；

e. 在运输、搬运、贮存等过程中严重破损，造成上线拆解处理时不具有主要零部件，或无法以整机形式进行拆解处理作业的。例如，采用屏锥分离工艺处理 CRT 电视机的，CRT 在屏锥分离前破碎，无法按完整 CRT 正常进行屏锥分离作业；

f. 非法进口产品；

g. 电器电子产品模型，以及出于其他目的而拼装制作的不具备电器电子产品正常使用功能的仿制品。

4.6 主要零部件

纳入基金补贴范围的废弃电器电子产品，应当具备以下主要零部件（见表1）。

表 1　主要零部件

产 品 名 称	主 要 零 部 件
CRT 黑白电视机	CRT、机壳、电路板
CRT 彩色电视机	CRT、机壳、电路板
平板电视机（液晶电视机、等离子电视机）	液晶屏（等离子屏）、机壳、电路板
电冰箱	箱体（含门）、压缩机
洗衣机	电机、机壳、桶槽
房间空调器	机壳、压缩机、冷凝器（室内机及室外机）、蒸发器（室内机及室外机）
台式电脑 CRT 黑白显示器	CRT、机壳、电路板
台式电脑 CRT 彩色显示器	CRT、机壳、电路板
台式电脑液晶显示器	液晶屏、机壳、电路板
电脑主机	机壳、主板、电源
一体机、笔记本电脑	机壳、电路板、液晶屏、光源

4.7 关键拆解产物

纳入基金补贴范围的废弃电器电子产品拆解处理后应当得到的拆解产物（见表 2）。

表 2　关键拆解产物

产品名称	关键拆解产物
CRT 黑白电视机	CRT 玻璃、电路板
CRT 彩色电视机	CRT 锥玻璃、电路板
平板电视机（液晶电视机、等离子电视机）	液晶面板（等离子面板）、电路板、光源
电冰箱	保温层材料、压缩机
洗衣机	电动机
房间空调器	压缩机、冷凝器（室内机及室外机）、蒸发器（室内机及室外机）
台式电脑 CRT 黑白显示器	CRT 玻璃、电路板
台式电脑 CRT 彩色显示器	CRT 锥玻璃、电路板
台式电脑液晶显示器	电路板、液晶面板、光源
电脑主机	电路板、电源
一体机、笔记本电脑	电路板、液晶面板、光源

4.8 负压环境

处理企业应当根据《废弃电器电子产品处理工程设计规范》的要求，参照其他相关规范，针对不同位置粉尘及其他废气中污染物的特点和污染控制需求等情况，合理确定除尘设备的集气罩风速、风量、风压、尺寸等各项参数，进行负压设计。

4.9 专业技术人员

处理企业应当具有至少 3 名中级以上职称专业技术人员，其中相关安全、质量和环境保护的专业技术人员至少各 1 名。负责安全的专业人员建议具有注册安全工程师资格，并按照《中华人民共和国安全生产法》的要求制定安全操作管理手册。

5 管理制度

本部分对处理企业开展废弃电器电子产品拆解处理活动的有关管理制度进行了规范和指导。

5.1 管理体系构成

处理企业应当具有负责废弃电器电子产品处理相应的运营管理和环境管理类职能部门，划分清晰的组织结构，并明确职责分工。其中，应当指定部门负责废弃电器电子产品处理基金补贴申请的内审自查工作。

5.2 运营管理制度

宜建立健全废弃电器电子产品处理的各项运营管理制度，主要包括生产管理、物流管理、仓储管理、记录管理、设备管理、供应链管理、人员管理和培训、财务管理、统计管理、安保管理、职业健康安全管理、应急预案等制度。

5.2.1 生产管理

生产管理制度的重点是完善与废弃电器电子产品拆解处理过程有关的生产计划、作业规程、生产现场管理等规定。

5.2.1.1 生产计划

宜根据《证书》核准的处理能力以及市场实际情况，合理安排制订生产计划（如年度计划、月或季度计划、日计划等），建立生产计划执行监督机制。

a. 年度计划要点

——确定各类废弃电器电子产品年度拆解处理总量。

——确保各类废弃电器电子产品拆解处理量达到年许可处理能力的 20%以上，但不得高于年许可处理能力。

b. 月或季度计划要点

——合理确定各类废弃电器电子产品月或季度拆解处理总量。

——合理安排各类拆解产物（主要拆解产物见附件 1）销售、委托处理等事项。

c. 日计划要点

——制定每日废弃电器电子产品入厂计划，有利于提高贮存、拆解处理各种资源的利用率。

——制定每日拆解作业计划，明确拆解作业的废弃电器电子产品种类、作业班组、生产线安排、生产工具安排等。当天产生的拆解产物应当当天入库（日产日清）。当天是指处理企业生产安排的一个生产日周期，在该生产日周期内拆解处理的废弃电器电子产品应当与其产生的拆解产物相对应，以下同。

——制定拆解产物出厂计划，拆解产物运输车辆应当当天进厂当天出厂。确实无法当天出厂的，应当在视频监控范围内的固定区域停放，并建立运输车辆过夜管理记录。

——每条拆解生产线，当天拆解作业尽量安排同种类别、同规格废弃电器电子产品拆解；如确实需要安排变换拆解处理对象，应当将同类别、同规格的废弃电器电子产品集中拆解完毕、将拆解产物计量称重后再变换类别、规格。

5.2.1.2 作业规程

根据本指南有关规范拆解处理过程的规定，结合工艺设备、人员特点等实际情况，编制生产作业规程，明确各环节、各工位生产操作标准。

5.2.1.3 作业现场管理

a. 建立生产作业监督机制，对各环节生产作业情况进行检查监督，及时纠正不规范操作。

b. 建立生产异常情况反应和处理机制：

——视频监控设备故障或停电时，应当立即通知生产线暂停相应点位拆解处理作业，待故障排除或恢复供电后再恢复作业。

——拆解生产线停电或设备故障无法完成拆解作业时，应当停止作业，维持现状，待故障排除或恢复供电后再恢复作业。

——因停电、视频监控设备故障、拆解生产线或设备故障等原因造成的已出库但尚未进入拆解处理作业环节的废弃电器电子产品，应当待故障排除或恢复供电后再继续拆解处理作业；对于已经开始手工拆解部分的废弃电器电子产品，可以暂停生产活动，也可以组织手持录像设备对手工拆解作业环节进行录像；对于已经完成手工拆解，但尚未进行后续处理的中间拆解品，应当停止生产作业，维持现状，直到排除故障或恢复供电。

——建立异常情况记录。

5.2.2 物流和仓储管理

5.2.2.1 进出厂管理

a．货物运输车辆宜由唯一的货物进出口按指定线路进出厂，能从视频中明显识别车辆的路线情况。

b．登记进出厂车辆基本信息，过磅并查验运输货物情况。

c．货物运输车辆进出厂应当过磅，并能同时打印磅单。

d．货物运输车辆应当当天入厂、当天出厂，避免运输车辆在厂内停留过夜。确实无法当天出厂的，应当在视频监控范围内的固定区域停放，并建立运输车辆过夜管理记录。

e．运输车辆进出厂过程中应当防止货物和包装损坏、遗撒或泄漏。

5.2.2.2 厂内运输管理

a．合理安排厂内运输车辆，优化行车路线，尽量缩短转运路线。

b．生产车间、库房及其他厂区范围内宜明确标识车辆、人员通道及其行进方向。

c．装载和卸载废弃电器电子产品及其拆解产物的区域应当固定。

d．运输、装载和卸载废弃电器电子产品及其拆解产物时，应当采取防止发生碰撞或跌落的措施。

5.2.2.3 废弃电器电子产品分类检查入库

入库前，应当分类检查入厂废弃电器电子产品是否属于基金补贴范围，是否完整，主要零部件是否齐全。经检查确定符合基金补贴范围的废弃电器电子产品，应当按基金补贴管理要求组织称重，分类别、分规格入库并登记入库信息（入库台账）。对缺少主要零部件等不属于基金补贴范围的废弃电器电子产品，应当作为非基金补贴业务单独管理，不宜拒收。

a. 电视机分类入库要求

——检查主要零部件情况。

——CRT 电视机按黑白电视机、彩色电视机、背投电视机的类别，分尺寸分别入库。

——平板电视机按液晶电视机、等离子电视机的类别，分尺寸分别入库。

b. 电冰箱（含冰柜）分类入库要求

——检查主要零部件情况，分类、分规格入库。

——有条件时，建议检查制冷剂、保温层发泡剂的种类。通过冰箱标识或者压缩机上标识辨识制冷剂、保温层发泡剂种类。无法通过标示辨识发泡剂类型的，建议使用专业仪器检测是否含有环戊烷发泡剂，并分别标明。

——建议按是否含有易燃易爆物质对冰箱进行分类、分尺寸竖直放入周转筐入库，登记制冷剂、发泡剂种类、容积等信息。其中，制冷剂及发泡剂均为氟利昂类物质的可归为同一类，进入室内贮存场地贮存；制冷剂及发泡剂为非氟利昂类的易燃易爆物质的可归为同一类，进入专用的室外贮存场地贮存。

　　c．洗衣机分类入库要求

　　检查主要零部件情况，分类、分规格入库。

　　d．房间空调器分类入库要求

　　检查主要零部件情况，分类、分规格入库。

　　e．微型计算机分类入库要求

　　——台式微型计算机显示器分类入库要求同电视机分类入库要求。

　　——一体式和便携式微型计算机检查主要零部件情况，分类、分规格入库。

5.2.2.4 仓储管理

　　仓储管理应当做到各类货物按区域划分、安全堆放、标识清楚明确、进出账目准确。

　　a．废弃电器电子产品及其拆解产物（包括最终废弃物）应当按类别分区存放；各分区应当在显著位置设置标识，标明贮存物的类别、编号、名称、规格、注意事项等。废弃电器电子产品、一般拆解产物、危险废物不得混用贮存区域，应当根据其特性合理划分贮存区域，采取必要的隔离措施。

　　b．使用专用容器。具有存放废弃电器电子产品及其拆解产物（包括最终废弃物）的专用容器或者包装物。废弃电器电子产品应当整齐存放在统一规格的笼筐、托盘或者其他牢固且易于识别内装物品的容器或者包装物中；需要多层存放的，采取防止跌落、倾倒措施，如配置牢固的分层存放架等。关键拆解产物和危险废物应当使用专用容器或者包装存放，塑料、金属等其他拆解产物可以打包存放。同种拆解产物的容器宜一致，不同类别拆解产物不得混装。含液体物质的零部件（如尚未滤油的压缩机等）、部分种类的电池、电容器以及腐蚀性液体（如废酸等）应当存放在防泄漏的专用容器中。无法放入常用容器的危险废物可用防漏胶袋等盛装。容器材质应当与危险废物相容（不发生化学反应）。不得将不相容（相互反应）的危险废物放在同一容器。

c. 每个专用容器（包括以打包形式存放的拆解产物）均应当配置标注其内装物的种类或类别、数量、重量、计量称重时间、入库时间等基本信息的标签。贮存危险废物的容器，其标识应当符合《危险废物贮存污染控制标准》（GB 18597）。

d. 注意采取防止货物和包装损坏或泄漏的措施。

e. 属于危险废物或要求按危险废物进行管理的拆解产物，应当贮存于危险废物贮存场地。

f. 贮存使用环戊烷发泡剂、异丁烷制冷剂（600a 制冷剂）等的电冰箱，应注意贮存环境的通风。宜在专用的、具有防雨棚的室外贮存场地贮存，或在具有地面强制排风、防爆燃等措施的室内贮存场地贮存；贮存区有足够的安全防护距离；做好防雷、放静电、保护和工作接地设计，满足有关规范要求。不具备安全收集异丁烷、环戊烷设备条件（如浓度监测、氮气保护、可燃气体稀释等措施）

的处理企业，含该类物质的冰箱贮存前应当剪断压缩机和蒸发器的连接管，在具有良好通风条件处贮存，确保压缩机中的异丁烷放空。

5.2.2.5 拆解产物入库

拆解产物应当分类、打包、称重、入库。

除日产生量较小的荧光粉、制冷剂等物质外，当天产生拆解产物应当当天入库。

直接使用拆解产生的废塑料进行造粒等加工，不添加其他原料，且在加工过程中不发生物质重量、化学特性等变化的，可以将加工后的产物作为拆解产物称重入库管理。

采用 CRT 玻璃整体破碎、清洗方式收集荧光粉的，以清洗后的玻璃、含荧光粉污泥或粉尘作为拆解产物称重入库。

涉及印刷电路板破碎分选金属和非金属的，废压缩机、废电机二次拆解或破碎分选金属的，加入其他原料进行塑料深加工的，应当进行拆解产物称重入库操作后再出库进行二次加工。

5.2.2.6 出库管理

a．根据生产计划安排废弃电器电子产品出库，出库时核对出库与领料信息匹配情况；拆解产物出库时，核对出库与销售信息匹配情况。

b．根据生产计划安排产成品出库，出库时验核容器标签与所装物品匹配情况，登记出库信息。

5.2.2.7 库房盘点

a．定期开展库房盘点，并建立完善库房盘点记录，确保各库房存放物品与台账相符。

b. 危险废物贮存应当按照国家危险废物有关要求进行管理。

5.2.3 设备管理

a. 生产设备、污染防治设备宜定期进行设备点检、运行维护。制定生产设备的日常维护保养要求、操作规程、设备使用手册等，建立主要设备运行记录。

b. 宜建立设备维修保养制度，明确日常点检、维修保养的要求与内容，明确专人管理，按操作规程操作，做好运行记录与维修保养记录。设备的保养一般可分为三个类别：日常保养、预修保养、大修，保养建议见表3。

表3 设备保养建议

保养类别	保养时间	保养内容	保养者	保养及记录
日常保养	每天例行保养	班前班后认真检查清洗设备，发现问题或故障及时排除，并做好交接班记录	设备操作工	填写运行设备交接/日常保养记录
预修保养	根据年度保养计划，结合生产和设备情况，对设备进行检修	对设备易损部位进行局部解体清洗，检查排除故障及定期维护	维修工为主操作工为辅	根据设备预修实施计划要求申请执行，并填写设备保养记录
大修	根据年度保养计划，设备使用状况，紧急申请大修	对设备全面进行全方位大修，更换到期部件和受损部件，恢复最佳性能，满足正常运转	承接单位及维修工	填写大修/改造申请报批，完成后填写大修/改造验收鉴定记录

c. 当发生以下情况时，处理企业应当及时向当地县级和设区的市级环境保护主管部门报告，并做好工作记录。

——主要生产处理设施设备、污染防治设施设备、视频监控设备故障。

——处理设施、设备进行长期停产维护、重大改造或对处理工艺流程进行重大调整时，应当事先报告。

5.2.4 供应链管理

供应链管理包括对废弃电器电子产品供应商和拆解产物接收单位的管理。处理企业应当根据所在地环境保护主管部门的要求对与本企业有业务往来的废弃电器电子产品供应商、拆解产物接收单位名称、所在地、联系人及联系方式、许可经营情况等信息做好记录。

5.2.4.1 废弃电器电子产品供应商管理

a. 建立供应商信息档案管理，确保回收的废弃电器电子产品来源于合法途径，并可实现回收信息追溯。

b. 签署规范回收合同，结合生产计划，合理安排废弃电器电子产品回收。

5.2.4.2 拆解产物销售单位管理

a. 制定拆解产物销售单位标准，确保拆解产物进入符合环境保护要求、技术路线合理的利用处置单位。

b. 危险废物应当进入具有危险废物经营许可资质，并具有相关经营范围的利用处置单位。

c. 建立接收单位信息管理制度，并可实现转移信息追溯。

5.2.5 人员管理和培训

a．宜建立人员管理记录制度，如考勤、工资、奖惩等记录。

b．宜建立岗前培训、日常培训制度。如：管理制度培训、岗位业务培训规范、主要设备使用规程、职业健康安全规范、劳动保护规范、应急预案培训等。

5.2.6 职业健康安全管理

建议根据职业健康、安全生产等主管部门的要求，建立健全职业健康安全管理有关制度，如：

a．宜通过正确的设计、工程技术和管理控制、预防保养、安全操作程序（包括锁死/标出）和持续性的安全知识培训，控制员工在工作场所和生产过程中会遇到的各类可能导致人身伤害的潜在危险。

b．对于易发生人身伤害危险的环节，为员工提供有针对性的、有效的个人防护装备和用品。如：建议按照《劳动防护用品配备标准（试行）》（国经贸安全[2000]189 号），为操作工人提供必要的防护用品：

——为操作工人提供服装、防尘口罩、安全帽、安全鞋、防护手套、耳塞、护目镜等防护用品；

——从事 CRT 除胶、拆除防爆带、锥屏玻璃分离设备操作的工人，应当穿/佩戴防护服装、防尘口罩、护目镜、隔热手套等防护用品；

——拆解异丁烷（600a）制冷剂的电冰箱时，工人应当穿着防静电工作服；

——从事搬运大件废弃电器电子产品的工人应当穿硬头安全鞋；

——消耗品（如防尘口罩滤芯等）定期更换；

——配备应急灯和事故柜，必要时配备氧气呼吸器和过滤式防毒面具及相应型号的滤毒灌，由气防站的专职人员定期检查和更换；

c. 合理安排工作制度，包括人工搬运材料和重复提举重物、长时间站立和高度重复或强力的装配工作。

d. 对生产设备和其他机器作危险性评估。为可能对工人造成伤害的机械提供物理防护装置、联动装置以及屏障。

e. 主要负责人和安全生产管理人员具备与本单位所从事的生产经营活动相应的安全生产知识和管理能力，并负责督促操作人员按规定穿佩戴防护服装和用品、执行安全生产要求，对违规者有处罚措施。

5.2.7 应急预案管理

建议根据相关主管部门的要求，制定环境、防汛、消防、职业健康等应急预案。定期组织对各类应急预案进行评估和完善，落实各类应急预案相关责任人及其工作任务。定期开展演练并做好演练记录。

5.2.7.1 环境应急预案

参照《危险废物经营单位编制应急预案指南》（原国家环境保护总局公告 2007 年第 48 号）编制突发环境事件的防范措施和应急预案。应急预案内容包括总则、应急组织指挥体系与职责、预防与预警机制、应急处置、后期处置、应急保障和监督管理等。

5.2.7.2 防汛、消防应急预案

建议根据有关主管部门要求，制定防汛应急预案，准备沙袋、防水板等防汛物资。

如：依据《机关、团体、企业、事业单位消防安全管理规定》（公安部令　第61号）的要求组织制定符合本企业实际的灭火和应急疏散预案。

落实逐级防汛、消防安全责任制和岗位防汛、消防安全责任制，明确逐级岗位职责，确定各级、各岗位的安全责任人。

5.2.7.3 安全应急预案

建议根据有关主管部门要求，编制突发安全生产事故的防范措施和应急预案。如：参照《生产经营单位安全生产事故应急预案编制导则》（GB/T 29639），应急预案内容包括总则、生产经营单位的危险性分析、组织机构及职责、预防与预警、应急响应、信息发布、后期处置、保障措施、培训与演练等。

5.2.7.4 应急预案的培训、演练

宜制订应急预案演练制度，定期开展演练，演练后做好总结。

明确每个岗位的职责，并依此制定各个岗位从业人员的培训计划，培训计划包括针对该岗位的管理程序和应急预案的实施等。培训可分为课堂培训和现场操作培训，主要包括：

a. 应急程序、应急设备、应急系统，包括使用、检查、修理和更换设施内应急及监测设备的程序。

b．通讯联络或警报系统。

c．火灾或爆炸时的应对，包括对消防器材的使用。

d．环境污染事件的应对等。

5.2.7.5 突发环境事件报告

发生突发环境事件时，处理企业立即启动相应应急预案，并按应急预案要求向相关主管部门报告。

5.3 环境保护管理制度

环境保护管理制度包括正常生产活动过程中的污染防治措施、危险废物管理、日常环保设施的运行维护、环境排放监测等内容。

5.3.1 通用要求

5.3.1.1 排放标准

污水排放应当符合《污水综合排放标准》（GB 8978）或地方标准。采用非焚烧方式处理废弃电器电子产品元（器）件、（零）部件的设施或设备，废气排放应当符合《大气污染物综合排放标准》（GB 16297）或地方标准；采用焚烧方式处理废弃电器电子产品废弃电器电子产品及其元（器）件、（零）部件的设施或设备，废气排放应当符合《危险废物焚烧污染控制标准》（GB 18484）中危险废物焚烧炉大气污染物排放标准或地方标准。噪声应当符合《工业企业厂界环境噪声标准》（GB 12348）或地方标准。

5.3.1.2 主要污染防治措施

a．废气污染控制措施

应当在厂区及易产生粉尘的工位采取有效防尘、降尘、集尘措施，收集手工拆解过程产生的扬尘、粉尘等，废气通过除尘过滤系统净化引至高处达标排放。

破碎分选、CRT 除胶、CRT 屏锥分离等生产环节或设备产生的废气等，应当通过除尘过滤系统净化引至高处排放。

使用含汞荧光灯管的平板电视机及显示器、液晶电视机及显示器应当在负压环境下拆解背光源，拆卸荧光灯管时应当使用具有汞蒸气收集措施的专用负压工作台，并配备具有汞蒸气收集能力的废气收集装置（如载硫活性炭过滤装置）。收集的含汞荧光灯管，应当采取防止汞蒸气逸散的措施进行暂存。

冰箱、空调制冷剂预先抽取等环节产生的有机废气应当经活性炭吸附净化后引至高处排放。

对于制冷剂为消耗臭氧层物质的，应当按照《消耗臭氧层物质管理条例》的要求对消耗臭氧层物质进行回收、循环利用或者交由从事消耗臭氧层物质回收、再生利用、销毁等经营活动的单位进行无害化处置，或具有相关处理能力的焚烧设施处置（如工业固体废物焚烧设施或危险废物焚烧设施），不得直接排放。

使用整体破碎设备拆解含环戊烷发泡剂冰箱的，应当具备环戊烷气体收集措施，收集后的气体通过强排风措施稀释，并引至高处排放。环戊烷收集环节应当具备环戊烷检测、喷雾和喷氮等措施，并设置自动报警装置。

荧光粉收集操作台应当设置集气罩；荧光粉应当在负压环境下收集并保存在密闭容器内。

b．废水污染控制措施

洗衣机平衡盐水收集后，宜稀释经废水处理设施处理后达标排放，或委托专业处置单位处置。

c．固体废物污染控制措施

处理企业生产经营过程中产生的各类固体废物，应当按危险废物、一般工业固体废物、生活垃圾等进行合理分类，不能自行利用处置的，分别委托具有相关资质、经营范围或具有相应处理能力的单位利用或处置。

d．噪声污染控制措施

对于破碎机、分选机、风机、空压机、CRT 屏锥分离设备等机械设备，应当采用合理的降噪、减噪措施。如选用低噪声设备，安装隔振元件、柔性接头、隔振垫等，在空压机、风机等的输气管道或在进气口、排气口上安装消声元件，采取屏蔽隔声措施等。

对于搬运、手工拆解、车辆运输等非机械噪声产生环节，宜采取可减少固体振动和碰撞过程噪声产生的管理措施，如使用手动运输车辆、车间地面涂刷防护地坪、使用软性传输装置等措施；加强工人的防噪声劳动保护措施，如使用耳塞等。

5.3.2 危险废物管理

危险废物的收集、贮存、转移、利用、处置活动应当遵守国家关于危险废物环境管理的有关法律法规和标准，满足关于产生单位危险废物规范化管理的危险废物识别标志、危险废物管理计划、危险废物申报登记、转移联单、应急预案备案、危险废物经营许可等相关要求（参见附件2）。

5.3.2.1 厂内管理

企业应当制定危险废物管理计划，建立、健全污染环境防治责任制度，严格控制危险废物污染环境。

a. 制定危险废物管理计划，并向所在地县级以上地方环境保护主管部门申报，包括减少危险废物产生量和危害性的措施以及危险废物贮存、利用、处置措施。管理计划内容有重大改变的，应当及时申报。

b. 建立危险废物台账记录，跟踪记录危险废物在厂内运转的整个流程，包括各危险废物的贮存数量、贮存地点，利用和处置数量、时间和方式等情况，以及内部整个运转流程中，相关保障经营安全的规章制度、污染防治措施和事故应急救援措施的实施情况。有关记录分类装订成册，由专人管理，防止遗失，以备环保部门检查。

c. 危险废物单独收集贮存，包装容器、标识标签及贮存要求符合《危险废物贮存污染控制标准》（GB 18597）及相关规定。不得将危险废物堆放在露天场地。

5.3.2.2 转移利用处置

制定危险废物利用或处置方案，确保危险废物无害化利用或处置。

a. 自行利用或处置危险废物，应当符合企业环评批复及竣工环境保护验收的要求。对不能自行利用或处置的危险废物，应当交由持有危险废物经营许可证并具有相关经营范围的企业进行处理，并签订委托处理合同。

b. 处理过程产生的固体废物危险性不明时，应当进行危险特性鉴别，不属于危险废物的按一般工业固体废物有关规定进行利用或处置，属于危险废物的按危险废物有关规定进行利用或处置。

c. 危险废物转移应当办理危险废物转移手续。在进行危险废物转移时，应当对所交接的危险废物如实进行转移联单的填报登记，并按程序和期限向环境保护主管部门报告。

d. 危险废物的转移运输应当使用危险货物运输车辆。运输 CRT 含铅玻璃的车辆可豁免危险货物运输资质要求，但应当使用具有防遗撒、防散落以及合理安全保障措施的厢式货车或高栏货车进行运输。使用高栏货车时，装载的货物不得超过栏板高度并采取围板、防雨等防掉落措施。

5.3.3 一般拆解产物污染控制

5.3.3.1 厂内管理

企业应当建立、健全污染环境防治责任制度，采取措施防止一般拆解产物污染环境。

a. 建立一般拆解产物台账记录，包括种类、产生量、流向、贮存、利用处置等情况。有关记录应当分类装订成册，由专人管理，防止遗失，以备环保部门检查。

b. 分类收集包装后贮存，并应当设置标识标签，注明拆解产物的名称、贮存时间、数量等信息。贮存场所应当具备水泥硬化地面以及防止雨淋的遮盖措施。

c. 一般拆解产物中不得混入危险废物。

5.3.3.2 转移利用处置

妥善处理一般拆解产物，并采取相应防范措施，防止转移过程污染环境。

a. 一般拆解产物的转移应当与接收单位签订销售合同并开具正规销售发票。

b. 一般拆解产物可以作为原材料再利用或者作为一般工业固体废物进行无害化处置。

c. 黑白电视机拆解产生的 CRT 玻璃和彩色电视机拆解产生的 CRT 屏玻璃作为一般工业固体废物，以环境无害化的方式利用处置。

d. 压缩机、电动机、电线电缆等废五金机电拆解产物，处理企业不能自行加工利用的，应当委托环境保护部门核定的具有相应拆解处理能力的废弃电器电子产品处理企业、电子废物拆解利用处置单位名录内企业或者进口废五金电器、电线电缆和电机定点加工利用单位处理。

e. 电脑主机拆解产生的电源、光驱、软驱、硬盘等电子废物类拆解产物，处理企业不自行进一步拆解加工利用的，应当委托环境保护主管部门核定的具有相应处理能力的废弃电器电子产品处理企业、电子废物拆解利用处置单位名录内企业或者危险废物经营企业进行处理。

f. 废弃电器电子产品中含有消耗臭氧层物质的制冷剂应当回收，并提供或委托给依据《消耗臭氧层物质管理条例》（国务院令　第

573 号）经所在地省（区、市）环境保护主管部门备案的单位进行回收、再生利用，或委托给持有危险废物经营许可证、具有销毁技术条件的单位销毁。绝热层发泡材料应当进入消耗臭氧层物质再生利用或销毁企业处置备案单位处置，或作为一般工业固体废物送至生活垃圾处理设施、危险废物处置设施填埋或焚烧，或以其他环境无害化的方式利用处置，不得随意处理和丢弃。

g. 拆解产物宜以减容打包包装形态出厂。电视机外壳、电脑主机机壳等主要拆解产物未进行毁形破坏的，不得出厂（见附件 1）。

5.3.4 环境监测

处理企业应按照有关法律和《环境监测管理办法》等规定，建立企业监测制度，制定自行监测方案，对污染物排放状况及其周边环境质量的影响开展自行监测，保存原始监测记录，并公布监测结果。

自行监测方案应当包括企业基本情况、监测点位、监测频次、监测指标（含特征污染物）、执行排放标准及其限值、监测方法和仪器、监测质量控制、监测点位示意图、监测结果信息公开时限、应急监测方案等。

处理企业不具备自行监测能力的，应当与具有监测服务资质的单位签订委托监测合同。

6 数据信息管理

本部分对处理企业废弃电器电子产品拆解处理数据信息管理进

行了规范和指导，其中涉及条码设置的内容为建议性内容，有关条码系统的建设要求由财政部、环境保护部废弃电器电子产品回收处理信息管理系统建设要求另行规定。

处理企业应当建立数据信息管理系统，并能够与环境保护主管部门数据信息管理系统对接。数据信息管理系统应当跟踪记录废弃电器电子产品在处理企业内部运转的整个流程，以及生产作业情况等。

根据废弃电器电子产品的处理流程，建立有关数据信息的基础记录表。有关记录要求分解落实到处理企业内部的运输、贮存（或物流）、拆解处理和安全等相关部门。各项记录应当由相关经办人签字。各项记录的原始单据或凭证应当及时分类装订成册后存档，由专人管理，防止遗失，保存时间不得少于3年。

6.1 废弃电器电子产品进厂

6.1.1 管理要求

根据生产计划，安排废弃电器电子产品入厂。系统采集、汇总废弃电器电子产品进厂情况。

6.1.2 信息记录内容

废弃电器电子产品入厂时间、回收企业/个人名称、运输车牌号、毛重、皮重、净重、毛重称重时间、皮重称重时间、交货人姓名、司磅员姓名等。

6.2 废弃电器电子产品入库

6.2.1 管理要求

按种类、规格分别计重、入库。入库时，按标准容器或逐台进行称重、计数，系统自动生成磅单，打印废弃电器电子产品识别条码。

单台称重的废弃电器电子产品，可以称重后再使用专用标准容器周转、贮存，每一容器内应当装载同种类、同规格的废弃电器电子产品。

6.2.2 信息记录内容

废弃电器电子产品识别条码、废弃电器电子产品编号、名称、规格、数量、重量、入库数量、入库重量、入库时间、库位、库管人姓名等。

6.3 废弃电器电子产品出库

6.3.1 管理要求

使用专用标准容器或逐台出库，出库时扫描废弃电器电子产品识别条码、确认识别条码信息。系统记录领料明细，采集、汇总废弃电器电子产品出库情况。

6.3.2 信息记录内容

出库单编号、领料班组、领料时间、废弃电器电子产品识别条码、废弃电器电子产品编号。废弃产品名称、规格、入库数量、入库重量、出库数量、出库重量、出库时间、库位、发料人姓名、领料人姓名等。

6.4 废弃电器电子产品退库

6.4.1 管理要求

出现废弃电器电子产品出库后未能处理、出库产品与实际处理产品不符、出库产品不符合基金补贴产品要求等情况时，应当在系统中设置于产品出库当日进行退库处理。系统退库时扫描废弃电器电子产品识别条码、确认识别条码信息，记录退库明细，采集、汇总废弃电器电子产品退库情况。

6.4.2 信息记录内容

废弃电器电子产品识别条码、领料单编号、废弃电器电子产品类别、废弃电器电子产品编号、名称、规格、退库数量、退库重量、退库时间、退库原因、库位、退库班组、退库人姓名、库管人姓名等。

6.5 废弃电器电子产品库存

6.5.1 管理要求

每天汇总当日的出入库信息，核对信息系统中的库存废弃电器电子产品的名称、规格、重量、数量等信息。

定期盘点，不少于每三个月一次核对库存的废弃电器电子产品重量、数量等实物信息与系统记录的信息是否相符。

6.5.2 信息记录内容

a．废弃电器电子产品类别、废弃电器电子产品编号、名称、规格，当日的入库数量、入库重量、出库数量、出库重量、退库数量、退库重量，当前的库存数量、库存重量等。

b．盘点库存明细

废弃电器电子产品类别、废弃电器电子产品识别条码、废弃电器电子产品编号、废弃电器电子产品名称、规格、入库数量、入库重量、入库时间、出库数量、出库重量、退库数量、退库重量、库位、库管人姓名等。

6.6 废弃电器电子产品拆解处理

6.6.1 管理要求

宜按班组或生产线、按工位、按时间段记录生产情况。同一时间段内一条生产线只能拆解同一类型、同一规格的废弃电器电子产品，不得混拆。

废弃电器电子产品当天领料、当天拆解完毕；当天未拆解的废弃电器电子产品，在信息系统中做当天退库处理。

废弃电器电子产品上线拆解，扫描废弃电器电子产品识别条码。拆解产物当日称重入库，不同种类、不同规格的废弃电器电子产品拆解产物不可合并称重，但日产生量较少的荧光粉、制冷剂等除外。拆解产物称重时系统自动打印磅单，打印拆解产物识别条码。

共用生产线的，应当集中拆解同类同规格废弃电器电子产品。更换不同种类或规格的废弃电器电子产品前，应当清空拆解线，将拆解产物计量称重完毕。

6.6.2 信息记录内容

a. 生产信息：生产日期、拆解线、生产班组、生产负责人、实到人数、作业时间、废弃电器电子产品识别条码、领料单编号、废弃电器电子产品类别、废弃电器电子产品编号、名称、规格、数量、重量、拆解开始时间、拆解完成时间。

b. 拆解产物信息：生产日期、拆解线、生产班组、生产负责人、领料单编号、拆解产物识别条码、拆解产物类别、拆解产物编号、拆解产物名称、称重数量、称重重量、称重时间、称重人姓名等。

6.7 拆解产物入库

6.7.1 管理要求

扫描拆解产物识别条码、核对拆解产物识别条码信息、重量。当天产生的拆解产物，当天称重后入库。

涉及深加工的，应当在加工前进行拆解产物称重入库。如果直接使用拆解产生的物料进行二次加工，不添加其他原料的，且二次加工中不发生物质重量和化学特性等变化的，可以将产成品作为拆解产物入库。

6.7.2 信息记录内容

拆解线、生产班组、生产负责人、领料单编号、拆解产物识别条码、拆解产物编码、拆解产物名称、入库数量、入库重量、库位、入库时间、贮存部门经办人、交货部门经办人等。

6.8 拆解产物出库

6.8.1 管理要求

出库时使用专用容器转移，扫描识别条码、审核容器标识卡信息，系统汇总出库情况。

6.8.2 信息记录内容

拆解产物出库单号、领料单编号、拆解产物识别条码、拆解产物编号、拆解产物名称、入库数量、入库重量、出库数量、出库重量、出库时间、库位、贮存部门经办人、收货经办人等。

6.9 拆解产物库存

6.9.1 管理要求

每天汇总当日的出入库信息，核对信息系统中的库存拆解产物的名称、重量、数量等信息。

定期盘点，不少于每三个月一次核对库存的拆解产物重量、数量等信息。

6.9.2 信息记录内容

a. 拆解产物类别、拆解产物识别条码、拆解产物编号、名称、规格、当日入库数量、入库重量、出库数量、出库重量、当前库存数量、当前库存重量等。

b. 盘点库存明细

拆解产物条码、拆解产物类别、拆解产物编号、拆解产物名称、称重数量、称重重量、入库数量、入库重量、入库时间、库位、库管人姓名等。

6.10 拆解产物出厂

6.10.1 管理要求

拆解产物出厂时，保持包装、标签完好，系统采集、汇总拆解产物出厂情况。

危险废物到达接收单位后，应当将危险废物转移联单返回处理企业，处理企业将相关信息录入信息系统，并保留相关票据。处理企业可以要求接收单位提供磅单复印件、接收回执等证明材料，磅单复印件、接收回执加盖收货单位收货章。根据回执、有效财务单据在系统内确认危险废物转移处置量。

6.10.2 信息记录内容

出厂记录单编号、车次、出厂时间、领料单编号、拆解产物出库单编号、拆解产物识别条码、拆解产物类别、拆解产物编号、拆解产物名称、毛重、皮重、净重、毛重称重时间、皮重称重时间、接收单位、车号、发货单条码或编号、转移联单编号等。

7 视频监控设置及要求

本部分规定了处理企业废弃电器电子产品拆解处理视频监控系统设置的基本要求。未能达到本部分规范性要求的处理企业，经所在地省级环保部门批准后，应当在 2015 年 3 月 31 日前完成所有改造。

7.1 基本要求

7.1.1 视频监控设备及其管理

应当具有联网的现场视频监控系统及中控室，备用电源、视频备份等保障措施。

7.1.2 视频监控点位

厂区所有进出口处、磅秤、处理设备与处理生产线、处理区域、贮存区域、中控室、视频录像保存区域、可能产生污染的区域以及处理设施所在地县级以上环境保护主管部门指定的其他区域，应当设置现场视频监控系统，并确保画面清晰。

厂界内视频监控应当覆盖从废弃电器电子产品入厂到拆解产物

出厂的全过程，并规范摄像头角度、监控范围。

监控画面应当可清楚辨识数据信息管理系统信息采集内容的生产操作过程。

7.1.3 视频监控画质

设置的现场视频监控系统应当能连续录下作业情形，包含录制日期及时间显示，每一监视画面所录下影像应当连贯。夜间厂区出入口处监控范围须有足够的光源（或增设红外线照摄器）以供辨识，夜间进行拆解处理作业时，其处理设备投入口及处理区域的镜头应当有足够的光源以供画面辨识。所有监控设备的设置应当避免人员、设备、建筑物等的遮挡，清楚辨识拆解、处理、信息采集全过程。

关键点位的视频监控应当确保画面清晰。关键点位包括：厂区进出口、货物装卸区、上料口、投料口、关键产物拆解处理工位、计量设备监控点位、包装区域、贮存区域及进出口、中控室、视频录像保存区，以及数据信息管理系统信息采集工位。

上料口、投料口、关键拆解产物拆解处理工位的摄像头距离监控对象的位置不宜超过 3 米，视频录像帧率应当不少于 24 帧/秒（fps），以达到连贯辨识动作、清晰辨识物品的效果；其他关键点位的视频录像帧率应当不少于 10 帧/秒（fps），以达到连贯辨识动作、清晰辨识数字的效果；其他非关键点位的视频录像帧率应当不少于 1 帧/秒（fps）。

7.1.4 视频监控储存

视频记录应当保持连贯完整，录像画面的清晰度应当达到

640×360 以上。不得对原始文件进行拼接、剪辑、编辑。视频记录可以采用硬盘或者其他安全的方式存储。关键点位视频记录保存时间至少为 3 年，其他点位视频记录保存时间至少为 1 年。

7.2 厂区进出口处

a. 厂区所有进出口均应当设置全景视频监控，能够清楚辨识车辆前后牌，清楚辨识人员及车辆进出厂的过程，画面覆盖每个进出口的全景。

b. 贮存区域、处理区域出入口，应当清楚辨识人员、货物进出情况。

7.3 计量设备

a. 进出厂磅秤，应当清楚辨识车辆前后车牌及称重显示数据。

b. 磅房内部，画面应当覆盖司磅员操作过程，磅房外部未设置重量显示装置的，磅房内部应当清楚辨识称重显示数据。

c. 废弃电器电子产品称重磅秤，应当清楚辨识称重货物种类（采用封闭包装的，见包装区域点位要求）和货物称重显示数据，货物和称重数据显示在同一监视画面内。

d. 拆解产物称重磅秤，应当清楚辨识称重货物种类（采用封闭包装的，见包装区域点位要求）和显示数据，货物和称重数据显示在同一监视画面内。

7.4 货物装卸区

a. 废弃电器电子产品卸货区，应当清楚辨识卸货过程、卸货种类（采用封闭包装的，见包装区域点位要求）。

b. 拆解产物装车区，应当清楚辨识装货过程、关键拆解产物种类（采用封闭包装的，见包装区域视频要求）。

7.5 包装区域

a. 入厂的废弃电器电子产品采用封闭包装的，应当在拆卸包装的区域设置视频监控点位，并能够清楚辨识拆卸包装后废弃电器电子产品的种类和数量。

b. 拆解产物采用封闭包装的，应当在包装区域设置视频监控点位，并能够清楚辨识关键拆解产物的种类。

7.6 贮存区域

a. 废弃电器电子产品贮存库、拆解产物贮存库和危险废物贮存库，均应当辨识所贮存物品的整体情况。

b. 贮存区域面积较大的，应当设置足够的监控点位，实现对贮存区域的全景覆盖。

7.7 拆解、处理区域

a. 废弃电器电子产品拆解、处理区域，应当设置足够的监控点位，实现对拆解、处理区域的全景覆盖，并辨识废弃电器电子产品拆解处理区域的整体情况。

b. 不同种类的废弃电器电子产品及拆解产物的处理区域，应当分别设置全景监控点位。

c. 整机拆解处理区域，应当全景辨识各类废弃电器电子产品整机拆解处理区域及拆解产出物处理区域的整体运行情况，无遮挡、无死角。

d. 待处理区，应当清楚辨识货物流转过程及待处理货物数量、状态。

e. 废弃电器电子产品拆解处理线上料端，应当清楚辨识废弃电器电子产品拆解线上料数量及废弃电器电子产品的完整性。

f. 废弃电器电子产品人工拆解处理线，每个视频监控画面覆盖的工位以 2 个以内为宜，最多不超过 4 个，且应当清楚辨识每个工位工人操作全过程。

g. 废弃电器电子产品拆解处理线下料端，应当清楚辨识拆解物的出料情况。

h. CRT 屏锥分离工位，应当清楚辨识工人屏锥分离操作过程及屏锥分离效果，无遮挡、无死角。

i. 荧光粉吸取工位（有的与 CRT 屏锥分离工位相同或紧邻，可使用同一个摄像头），应当清楚辨识工人吸取荧光粉操作全过程及荧光粉吸取的效果，无遮挡、无死角。

j. 制冷剂抽取工位，应当清楚辨识工人的操作全过程，无遮挡、无死角。

k. 压缩机打孔和电机破坏工位，应当清楚辨识拆解产物数量及工人的操作全过程和处理效果。

l. 拆解微型计算机主机（含便携式微型计算机）、空调、液晶显示屏背光模组过程，应当清楚辨识工人的操作全过程，视频监控画面连续，至少有 1 个监控画面完整覆盖生产线。

m. 应当清楚辨识其他废弃电器电子产品拆解处理关键环节的操

作全过程和处理效果。

7.8 通道和露天区域

废弃电器电子产品进厂至进出厂磅秤通道；进出厂磅秤至废弃电器电子产品贮存库通道；废弃电器电子产品贮存库至拆解处理区域通道；拆解处理区域至拆解产物库通道；拆解产物库至进出厂磅秤通道；具有拆解产物深加工作业的，拆解产物库至深加工车间通道；以及厂区内其他与废弃电器电子产品拆解处理相关的通道和露天区域，均应当能辨识车辆及货物流转全过程。

7.9 深加工区

a．深加工区应当设置视频监控设备，并与现场视频监控系统联网。

b．深加工区应当能清楚辨识处理区域的整体运行情况，无遮挡、无死角。

8 设施、设备要求

本部分对处理企业废弃电器电子产品拆解处理设施、设备进行了规范和指导。

处理废弃电器电子产品使用的各种设备和相配套的设施要配备完整，可正常使用和按要求保养。

8.1 拆解处理设备

a．配备与所处理废弃电器电子产品相适应的拆解处理设备。

b．处理彩色 CRT 电视机、微型计算机的 CRT 彩色显示器，应当具有能将阴极射线管锥、屏玻璃有效分离的设备或装置，如 CRT 切割机等。具备防止含铅玻璃散落的措施，如带有围堰的作业区域、作业区域地面平整等使含铅玻璃易于收集。

处理 CRT 电视机、微型计算机的 CRT 显示器，应当具有荧光粉收集装置。

采用干法进行处理 CRT 玻璃的，具有玻璃干洗设备如干式研磨清洗机等。

采用湿法进行处理 CRT 玻璃的，具有清洗设备及废水回收处理装置等。

自行利用含铅玻璃的，具有铅提取设备或装置，或将含铅玻璃加工成资源化、无害化产品的设备。

处理液晶电视机或微型计算机的液晶显示器，应当具有背光源的拆除装置或设备，如带有抽风系统、防泄漏、尾气净化装置的负压工作台。

c. 处理含消耗臭氧层物质的电冰箱、空调，符合下列设备规定：

——应当具有将制冷系统中的制冷剂和润滑油抽提和分离的专用设备。

——应当具有存放制冷剂的密闭压力钢瓶或装置，具有存放润滑油的专用容器。

——采取粉碎、分选方法处理绝热层时，应当在专用的负压密闭设备中进行，处理后废气排放应当符合《大气污染物综合排放标准》（GB 16297）的控制要求。

d. 以整机破碎、分选方法处理含有环戊烷发泡剂类的电冰箱，符合下列设备规定：

——设施宜布置在单层厂房靠外墙区域，在废弃冰箱处理车间内，注意采取防止环戊烷发泡剂积存的措施，并在其周围设立禁止烟火的警示标志。

——在负压密闭的专用处理设备内进行，专用处理设备设置可燃气体检漏装置，注意采取检测、通风、防爆等相应的安全措施。

——回收环戊烷的，处理设施设置专用的环戊烷回收装置，回收装置应当密闭和负压；不回收环戊烷的，设置大风量稀释装置，采用保护气体，环戊烷稀释后浓度低于爆炸浓度，处理设施的排风管道周边设置可燃气体检漏装置和应急措施；在排放口周围 20 米内不应有明火出现，并设立禁止烟火的警示标志。

——专用处理设备及环戊烷的回收装置周围的电气设计，符合现行国家标准《爆炸和火灾危险环境电力装置设计规范》(GB 50058) 的有关规定。

——设置除尘系统，除尘系统与排风系统和报警系统连锁。

e. 以加热等方式拆解电路板上元（器）件、（零）部件、汞开关等的，使用负压工作台，设置能够有效收集铅烟（尘）、有害气体的废气收集处理系统。

f. 废弃电路板处理设备应当符合下列规定：

——采用热解法工艺时，处理设备设置废气处理系统。

——采用化学方法处理废弃电路板时，处理设施设置废气处理系统、废液回收装置和污水处理系统，还应当采用自动化程度高、密闭性良好、具有防化学药液外溢措施的设备；对贮存化学品或其他具有较强腐蚀性液体的设备、贮罐，采取必要的防溢出、防渗漏、事故报警装置、紧急事故贮液池等安全措施。

g. 拆解处理作业生产线配备应急关闭（紧急制动）系统。

8.2 搬运、包装、贮存设备

具有与所处理废弃电器电子产品相适应的搬运、包装及贮存设备，并定期进行检查。

具有运输车辆或委托具有相关资质的单位运输，车厢周围有栏板等防散落及遮雨布等防雨措施。

具有能够搬运较重物品的设备，如叉车等。厂内运输采取防雨措施。

具有压缩打包的设备，如打包机等。

具有专用容器（具体要求见 5.2.2 物流和仓储管理）。

8.3 计量设备

配备与拆解处理相适应的计量设备，符合国家的有关计量法规要求并定期检定。厂内计量设备均应当采用与数据信息管理系统联网的电子计量设备，具有自动打印磅单等功能。

8.3.1 计量设备设置

a. 运输车辆的计量设备量程在 30 吨以上（将废弃电器电子产品装入托盘或其他专用容器分别称重的，量程可低于 30 吨）与电脑联网的电子磅秤，能够自动记录并打印每批次废弃电器电子产品、拆解产物（包括最终废弃物）称重结果。

b．运输车辆计量设备宜设置于厂区进出口处，废弃电器电子产品及拆解产物进出库计量设备宜设置于生产、贮存区域的进出口处。不能设置于进出口处的，应当规定清晰的运输路线。

c．配置专用电表。废弃电器电子产品的每条拆解处理生产线及专用处理设备，应当具有专用电表；无专用电表的，应当保证处理设备所在车间电表的数据准确。

d．在用水量较大的场所，宜配置专用水表。

8.3.2 设备精度要求

量程 10 吨（不含 10 吨）以上的计量设备的最小计量单位应当不大于 20 千克，量程 10 吨（含 10 吨）以下的计量设备的最小计量单位应当不大于 1 千克。

8.3.3 日常维护、校准

a．应当定期校准、检定称重计量设备，确保设备运转正常。

b．应当定期核对确认计量设备计量时间与现场视频监控系统记录的时间，确保相差不超过 3 分钟以上。

8.4 劳动保护装备

按照国家对劳动安全和人体健康的相关要求，为操作工人提供服装、防尘口罩、安全帽、安全鞋、防护手套、耳塞、护目镜等防护用品。消耗品（如防尘口罩滤芯等）定期更换。

8.5 应急救援和处置设备

按照国家对应急救援和处置的相关要求，配置相应的应急救援和处置设施、设备，如应急灯、消防器材、急救箱、冲洗设备等。

定期检查，更新应急救援和处置设施、设备，及时补充消耗品和更换过期药品。

8.6 拆解产物深加工或二次加工设施设备

如处理企业具备与废弃电器电子产品拆解处理相关的深加工或二次加工经营业务，如印刷电路板破碎分选，废塑料制备塑木，废电机、压缩机拆解等深加工和废塑料造粒，CRT 玻璃清洗处理等二次加工过程，应当针对处理的拆解产物建立生产记录表，并纳入数据信息管理系统。

8.6.1 印刷电路板深加工

a. 采用物理破碎分选方法分离金属和非金属材料时，破碎在具有降噪措施的封闭设施中进行，并设置粉尘及有害气体收集处理系统。

采用湿法分离金属和非金属材料时，在封闭设施中进行分选，并设置废水、废气收集处理系统。

b. 采用溶蚀、酸洗、电解及精炼等化学方法提取金属时，采用密闭性良好；配备符合环保要求的废水、有害气体等处理装置，具备污泥处理方案或利用设施。具备防化学药液外溢、渗漏措施，如设置围堰或底部做防渗处理等措施。

不得采用无环保措施的简易酸浸工艺提取金、银、钯等贵重金属，不得随意倾倒废酸液和残渣。

c. 采用火法处理电路板提炼金属的，配备符合环保要求的有害气体等处理装置。

d. 处置环氧树脂等非金属材料的，有符合环保要求的填埋或焚烧设施。

8.6.2 废塑料二次加工或深加工

将拆解产生的废塑料进行破碎造粒、生产塑料颗粒产品的，具有造粒机等相应的塑料二次加工设备，并配备废气净化处理装置。

将拆解产生的废塑料进行木塑等塑料制品深加工过程的，具有相应的产品生产设备和配套的污染防治措施。

8.7 样品室

应当设立可供员工培训或对外环保宣传的样品室，用于存放或展示所申请处理的废弃电器电子产品及其拆解产物（包括最终废弃物）样品或者照片。

9 拆解处理过程

本部分对处理企业废弃电器电子产品拆解处理过程进行了规范和指导。

拆解时，使用手工、机械等物理工艺将废弃电器电子产品分解，形成材料或零部件等拆解产物。除使用自动破碎分选设备外，手工拆解以手动、气动、电动工具将可直接拆卸的元器件、零部件、线缆等全部拆除。拆解产物分类收集。

拆解过程确保按照环保要求管理，如果某一部件在手工或机械处理工艺中会造成环境或健康安全危害，在进行手工或机械处理工艺之前将该元器件取出。

采用机械设备的，应当根据设备设计、操作规程以及拆解处理要求合理设定设备技术参数。

除有特殊说明的步骤外，本部分所列各步骤的顺序不作为处理企业实际拆解处理操作流程的固定工艺顺序，处理企业可以根据实际需要确定拆解处理工艺流程和操作规程。

9.1 电视机

9.1.1 阴极射线管（CRT）电视机

9.1.1.1 物料准备

a. 工作内容：将待拆解的物料搬运到拆解线物料入口处或工位，将待拆解的电视机搬上拆解台或上料口。

b. 工具设备：叉车、专用容器、传送带等。

c. 主要拆解产物：无。

d. 注意事项：

——搬运过程中注意防止物料滑落。

——核对物料规格数量并记录。

——检查主要零部件有无破损、缺失，如：CRT 是否完整，外壳、CRT 或电路板是否缺失等。否则应当按照非基金业务单独管理。

上料	信息扫描

9.1.1.2 拆除电源线

a. 工作内容：检查电视机电源线并拆除。

b. 工具设备：剪刀、钳等。

c. 主要拆解产物：电源线。

d. 注意事项：

——应当于机体侧根部整齐剪切、分离电源线。

拆除电源线（根部2厘米）

9.1.1.3 拆除后壳、机内清理

a. 工作内容：检查电视机后壳上相连部件并拆除，拆除后壳，清理机内积尘。

b. 工具设备：螺丝刀、钳等。

c. 主要拆解产物：电视机后壳及相连部件，如天线等。

d. 注意事项：

——分离所有金属部件，保持基本完整。

拆除后壳	后壳
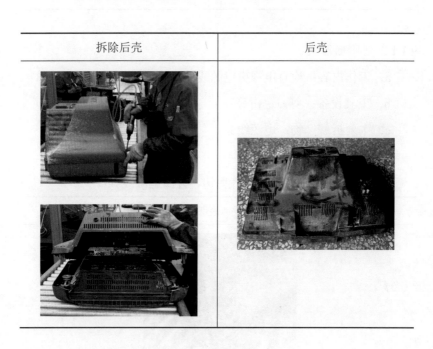	

9.1.1.4 CRT解除真空

a. 工作内容：取下电子枪端电路板，钳裂管颈管上端玻璃，拆除高压帽。

　　b. 工具设备：钳子。

　　c. 主要拆解产物：电路板、高压帽等。

　　d. 注意事项：

　　——应当防止粗暴拆解造成 CRT 和管颈管爆裂。

拆除管颈管电路板	拆除管颈管线路板、高压帽后

管颈管上端突起部分	管颈管划痕及工具

9.1.1.5 拆除电路板

a. 工作内容：切断电线，取下电路板。

b. 工具设备：螺丝刀、钳等。

c. 主要拆解产物：电路板、电线等。

d. 注意事项：

——应当保持电路板独立完整，拆除电源线。

电路板拆卸	切断电线

9.1.1.6 拆除喇叭

a. 工作内容：拧开螺丝，剪除连接线，取出喇叭。

b. 工具设备：螺丝刀、剪刀等。

c. 主要拆解产物：喇叭等。

d. 注意事项：

——完整拆除，不连带其他金属附着物。

拆卸喇叭	喇叭

9.1.1.7 拆除偏光调节圈、偏转线圈

a. 工作内容：拧开螺丝，拆下偏光调节圈，拆下偏转线圈。

b. 工具设备：螺丝刀、剪刀等。

c. 主要拆解产物：偏光调节圈、偏转线圈等。

d. 注意事项：

——完整分离，防止粗暴拆解造成 CRT 爆裂。

拆卸偏光调节圈	偏光调节圈	拆卸偏转线圈	偏转线圈

9.1.1.8 拆除前壳，取出 CRT

a. 工作内容：拧开前壳螺丝，将前壳与 CRT 分离。

b. 工具设备：螺丝刀、剪刀等。

c. 主要拆解产物：CRT、前壳等。

d. 注意事项：

——分离所有金属部件。

——搬运 CRT 时小心滑落。

拆卸固定 CRT 的螺丝	取出 CRT

9.1.1.9 拆除消磁线、接地线、变压器、高频头等

a. 工作内容：拆下消磁线、接地线、变压器、高频头等。

b. 工具设备：螺丝刀、剪刀、钳等。

c. 主要拆解产物：消磁线、接地线、变压器、高频头等。

d. 注意事项：

——应当于机体侧根部整齐剪切、分离消磁线、接地线。

——操作前确认已经泄压（拆除高压帽，解除真空）。

拆下消磁线	拆下接地线	拆下变压器	拆下高频头
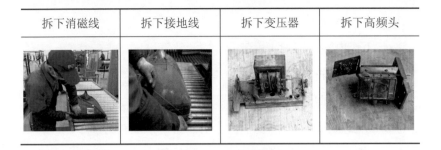			

9.1.1.10 拆除管颈管

a. 工作内容：拆除管颈管。

b. 工具设备：套管、砂轮片或切割器等专用设备。

c. 主要拆解产物：电子枪、玻璃管。

d. 注意事项：

——应当防止粗暴拆解造成 CRT 和管颈管爆裂。

——管颈管玻璃为含铅玻璃，应当妥善处理处置。

取下管颈管	管颈管

9.1.1.11 切割防爆带

a. 工作内容：切割防爆带。

b. 工具设备：切割设备等。

c. 主要拆解产物：防爆带。

d. 注意事项：

——操作前确认高压帽、电子枪已经拆除。

——勿切到玻璃。

——注意防止 CRT 滑落。

切割防爆带	取下防爆带	防爆带

9.1.1.12 清理 CRT

a. 工作内容：除胶，清理金属及橡胶件。

b. 工具设备：除胶设备等。

c. 主要拆解产物：橡胶及胶带。

d. 注意事项：

——注意防止 CRT 滑落。

——勿切到玻璃。

清理 CRT 除胶	清理 CRT 金属及橡胶件

9.1.1.13 屏锥分离

a．工作内容：使用加热、机械切割、激光、等离子等方法将屏玻璃与锥玻璃分离。

b．工具设备：加热、机械切割、激光、等离子等分离设备。

c．主要拆解产物：含铅玻璃（锥玻璃）、屏玻璃、阴极罩、销钉、阳极帽。

d．注意事项：

——应当在负压环境下操作，控制粉尘无组织排放。

——应当防止锥玻璃混入屏玻璃。

——屏锥分离（包括以屏锥分离方式处理黑白 CRT）时应当主要依靠分离设备进行。分离设备应当通电工作。不得使用摔、砸、敲等粗暴作业方式。特殊情况下使用分离设备无法完全分离时，可以使用辅助工具进行人工分离，并应当将粘连在屏玻璃上的锥玻璃取下。

——使用分离设备进行屏锥分离时，合理设置分离设备的电压、电流、分离时间等参数，小心操作，防止屏面、锥体破碎。屏面玻璃破碎（分离成两块及以上）的比例应当控制在 20%以内。为了控制破屏率，分离设备的常规工作时间和最短工作时间参考表 4。

表 4 屏锥分离工序工作耗时参考

设备类型	操作时间	尺寸			
		14 寸及以下	17～21 寸	25～29 寸	32 寸及以上
刀片式	常规时间	20～30 秒	30～40 秒	30～50 秒	40～60 秒
	最短时间	15 秒	15 秒	25 秒	40 秒
电加热	常规时间	30～50 秒	30～60 秒	40～100 秒	60～150 秒
	最短时间	20 秒	25 秒	35 秒	50 秒

注：1. 常规时间指常见主流设备正常工况条件下的操作时间范围，不同品牌、型号的设备在不同电压、电流条件下的操作时间会有一定差异。
2. 最短时间指高性能设备在较理想工况条件下的操作时间，有的设备可能性能更优。

——为了进一步避免彩色 CRT 屏锥分离时屏玻璃中混入含铅玻璃，建议现有设备的分离位置在屏玻璃与锥玻璃结合部向屏玻璃方向适当下移。为方便屏玻璃与含铅玻璃分离，可在分离位置提前做出划痕。本指南实施后新、改、扩建的 CRT 切割机设备，应当将分离位置设置于屏玻璃与锥玻璃结合部向屏玻璃方向适当下移的位置。

——根据需要拆除销钉与阳极帽。

——操作中注意防止玻璃飞溅伤人。

热爆法分离

阴极罩	销钉与阳极帽

9.1.1.14 收集荧光粉

a. 工作内容：用专用吸尘器吸取屏玻璃内面、四角及四侧边荧光粉。

b. 工具设备：专用吸取设备、专用贮存容器。

c. 主要拆解产物：荧光粉、屏玻璃。

d. 注意事项：

——应当在负压环境下操作。

——使用专用容器贮存荧光粉。

——应当完全收集荧光粉。

负压环境	吸取荧光粉	吸取荧光粉后

9.1.1.15 其他工艺

使用其他工艺的，如 CRT 整体破碎法分离含铅玻璃、湿法清洗收集荧光粉、高压吹吸法回收废黑白阴极射线管中荧光粉等，应当具有相应的环保手续。应当能保证分离含铅玻璃，完全收集荧光粉。

9.1.2 平板电视机

9.1.2.1 物料准备

a. 工作内容：将待拆解的物料搬运到拆解线物料入口处，将待拆解的电视机搬上拆解台。

b. 工具设备：叉车、物料笼、传送带等。

c. 主要拆解产物：无。

d. 注意事项：

——搬运过程中注意防止物料滑落。

——核对物料数量并记录。

——检查主要零部件是否完整、缺失，能否以整机形式搬运。否则应当按照非基金业务单独管理。

搬上拆解台

9.1.2.2 拆除电源线

a. 工作内容：检查电视机电源线并拆除。

b. 工具设备：剪刀、钳等。

c. 主要拆解产物：电源线。

d. 注意事项：

——应当于机体侧根部整齐剪切、分离电源线。

根部整齐剪切

9.1.2.3 拆除底座和后壳

a. 工作内容：检查电视机底座和后壳上相连部件并拆除，拆除底座和后壳。

b. 工具设备：螺丝刀、钳等。

c. 主要拆解产物：电视机底座和后壳及其上相连部件。

d. 注意事项：

——应当分离所有金属部件，保持基本完整。

——当使用强力拆除后壳及相连部件时注意安全。

拆除后壳

9.1.2.4 拆除音箱喇叭

a. 工作内容：拆下音箱喇叭。

b. 工具设备：螺丝刀、剪刀。

c. 主要拆解产物：喇叭等。

d. 注意事项：

——完整拆除，不连带其他金属附着物。

拆解喇叭	剪除金属附着物	音箱喇叭

9.1.2.5 拆除主电路板

　　a. 工作内容：切断电线，取下主电路板。

　　b. 工具设备：螺丝刀、钳等。

　　c. 主要拆解产物：电路板等。

　　d. 注意事项：

　　——应当保持电路板独立完整，拆除电源线等相关附件。

切断电线	拆卸主电路板

取下主电路板	独立完整的电路板

9.1.2.6 拆除高压电路板、控制电路板、背光模组

    a. 工作内容：拧开螺丝，拆下高压电路板，拆控制电路板。

    b. 工具设备：螺丝刀、剪刀等。

    c. 主要拆解产物：高压电路板、控制电路板等。

    d. 注意事项：

    ——应当保持电路板独立完整，拆除电源线等相关附件。

拆高压电路板	拆卸控制电路板

拆衬板	衬板

9.1.2.7 拆解使用荧光灯管的背光模组

a. 工作内容：拆除背光源。

b. 工具设备：螺丝刀。

c. 主要拆解产物：背光灯管等。

d. 注意事项：

——拆解背光模组应当在负压环境下小心操作，保证背光源完整无损。

——荧光灯管应当放入专用密闭容器里，防止汞蒸气挥发。

——具备能防止汞蒸气泄漏的装置（如吸风装置、载硫活性炭吸附等）。

负压环境	拆卡扣	拆螺钉
拆卸荧光灯管支架	背光灯管	拆卸荧光灯管卡扣
荧光灯管分离	偏光膜滤光膜基板	拆卸荧光灯管的电器元件
拆卸荧光灯管的电器元件	贮存荧光灯管的容器	

9.1.2.8 拆解使用非荧光灯管的背光模组

　　a. 工作内容：拆解背光源。

　　b. 工具设备：螺丝刀。

　　c. 主要拆解产物：LED 灯等背光源、电源线等。

　　d. 注意事项：

　　——分离光源与电源线。

LED 光源拆除	LED 光源（发光二极管）	基板
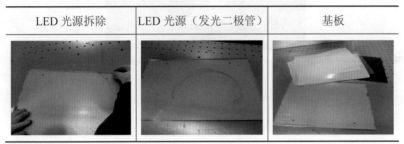		

9.1.2.9 拆卸前壳，取出液晶面板

　　a. 工作内容：将液晶面板与前壳分离。

　　b. 工具设备：螺丝刀、剪子等。

　　c. 主要拆解产物：液晶面板和前壳等。

　　d. 注意事项：

　　——小心操作，保证液晶面板完整。

　　——完整拆除，不连带其他金属附着物。

液晶面板与前壳分离

9.1.3 其他电视机

参考平板电视机和 CRT 电视机内容。

9.2 电冰箱

9.2.1 拆除压缩机盖板，检查冰箱主要零部件

a. 工作内容：检查冰箱主要零部件是否完整、缺失。

b. 工具设备：螺丝刀、传送带、起重设备等。

c. 主要拆解产物：盖板。

d. 注意事项：

——检查冰箱铭牌，确认制冷剂类别。

——搬运过程中注意防止物料滑落。

——对于以消耗臭氧层物质为制冷剂的电冰箱，检查机壳、压缩机是否完整、缺失。否则应当按照非基金业务单独管理。

拆除盖板前	确认制冷剂类别	
		 R12
拆除盖板后		
		 R600a
		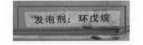 发泡剂：环戊烷

9.2.2 预处理

a．工作内容：

——对含有有害物质的部件进行回收：确认含有有害部件的地方，使用规定的用具，防止拆离时损坏，拆下后放在专用容器内保存。

——电器部分的回收：取下风扇、定时器等部件放入容器内。

——冰箱箱体内塑料部件的回收：取下塑料制品附带的异物（金属、橡胶、玻璃），对塑料部件的材质、颜色等进行分类并放入容器内。

——密封圈的回收：将贴敷在冰箱门内侧的密封圈取出放入回收容器中。

——电路板的回收：取下电路板，剪下周围的电线，分别放入不同容器内。

——投入氟利昂回收工序：将冰箱箱体横放至传送带。

b．工具设备：螺丝刀、传送带、起重设备等。

c．主要拆解产物：风扇、定时器、塑料、密封圈、电路板、电线、铜管等，部分冰箱可能含有汞开关、荧光灯管等含汞部件。

d．注意事项：

——有害部件：拆解时确认是否有含汞部件（汞开关、荧光灯管等）、灯泡等，灯类的部件容易破碎，需小心拆解。

——未拆除密封圈前不得投入破碎机。

——将冰箱放置于传送带时，压缩机吸油管的位置管口朝下，便于回收制冷剂。

冰箱箱体放至传送带	回收密封圈	密封圈
温控开关	开关材料（部分含汞）	荧光灯管

PS、AS：透明塑料	玻璃栏、玻璃门	PP 塑料
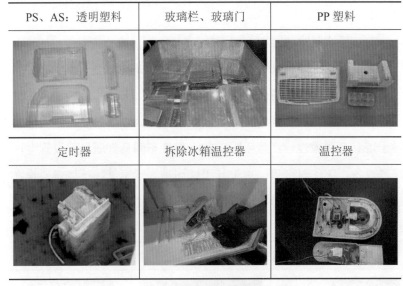		
定时器	拆除冰箱温控器	温控器

将冰箱箱体横放至传送带

9.2.3 制冷剂回收

a．工作内容：收集制冷剂系统完好的压缩机中属于消耗臭氧层物质的制冷剂。

b．工具设备：制冷剂回收机、钳等。

c．主要拆解产物：制冷剂。

d. 注意事项：

——确认制冷剂类别。

——属于消耗臭氧层物质的制冷剂应当回收。

——异丁烷制冷剂处理注意事项：

配备消防器材和警示标志，采取防火措施，如禁烟、禁火等；异丁烷具有刺激性，注意手眼防护；保持车间良好通风，设置专用排风设备，工作时开启；由于异丁烷比重大于空气，排风口要设在接近地面处，排放区域不设置沟槽及凹坑；通风设备及场地内电器建议使用防爆型。

制冷剂回收钻孔		制冷剂抽取完毕的确认

制冷剂回收		

9.2.4 拆除压缩机座、散热器

a．工作内容：拆除压缩机座、散热器。

b．工具设备：钳、螺丝刀等。

c．主要拆解产物：散热器管、压缩机座。

d．注意事项：

——防止压缩机润滑油泄漏，防止压缩机滑落伤人。

拆除压缩机和底板	拆解散热器

9.2.5 拆解压缩机座、电器元件

a．工作内容：拆解压缩机座、散热器。

b．工具设备：钳、扳手等。

c．主要拆解产物：压缩机、电线、橡胶、金属、电路板等。

d．注意事项：

——拆解压缩机应当在有防泄漏的工作台上进行。

——拆解时防止压缩机滑落伤人。

9.2.6 箱体破碎分选

a. 工作内容：用手工拆除箱体上的固定件，逐台进入破碎设备。

b. 工具设备：钳、扳手、螺丝刀、专用破碎设备等。

c. 主要拆解产物：橡胶、塑料、氟利昂、保温层材料、铁、非铁金属等。

d. 注意事项：

——上线前确认发泡剂种类。

——采用破碎、分选方法时，不得用手工方式分离保温层泡沫和箱体外壳。

——机械拆解过程中注意防火防爆。

拆除箱体上固定件	确认发泡剂类别
 	 R600a
投入破碎设备	分选

9.2.7 回收压缩机油

a. 工作内容：将压缩机打孔，用专用容器回收储存压缩机油。

b. 工具设备：打孔机等。

c. 主要拆解产物：压缩机。

d. 注意事项：

——操作场所有防漏截流措施，防止压缩机油泄漏。

——使用专用容器回收储存压缩机油。

——含有异丁烷制冷剂的压缩机于自然通风贮存环境下放置两周后再进行打孔作业并做好打孔记录。

压缩机打孔	回收压缩机油

9.2.8 其他拆解处理方式

分类收集各类材料。

9.3 洗衣机

检查主要零部件是否完整，缺失。

9.3.1 拆除外壳

a．工作内容：把原材料放在生产线上，取下外壳上面的螺丝，取下外壳，剪下相连电线。

b．工具设备：螺丝刀、传送带等。

c．主要拆解产物：外壳、电线等。

d．注意事项：

——将紧固螺丝完全取出。

单筒洗衣机	
紧固螺丝在前端左右两凹洞内	紧固螺丝在侧面两端

双筒洗衣机		
扫条码	拆后盖	拆控制面板

上盖拆除		拆底座

滚筒洗衣机	
扫条码	拆门

拆上盖	拆前盖板

9.3.2 拆除分离机体小配件

a. 工作内容：取下机体上的螺丝，卸下塑胶板、开关、变压器、皮带等配件，并分别放入对应储物盒内，拔下或剪下电线，电线放入对应储物盒内。

b. 工具设备：螺丝刀、钳等。

c. 主要拆解产物：印刷电路板、控制面板、塑胶板、开关、变压器、皮带、电线等。

d. 注意事项：

——将紧固螺丝完全取出。

——配件不可有电线残留。

单筒洗衣机	
塑料盖板，线路板	定时器、排水电机、进水阀、安全阀、变压器

双筒洗衣机		
剪底座连线	控制面板拆解前	控制面板拆解后
		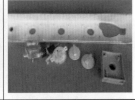

滚筒洗衣机		
拆抽屉盒	拆电路板、剪线	拆平衡块

拆开关件	拆电容器	拆溢水口电磁阀
拆洗涤剂盒		拆前框下部连接板

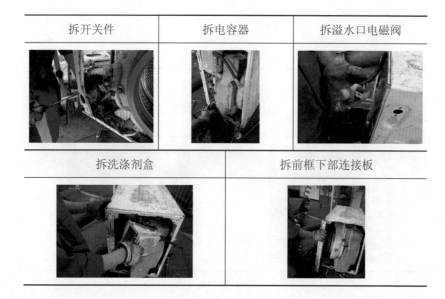

9.3.3 拆解主机体

a. 工作内容：取下内桶护圈，排出圈内废水于废水储存桶内，卸下电机、排水管、与机体底座，卸下波轮。

b. 工具设备：钳、螺丝刀等。

c. 主要拆解产物：塑胶圈、电机、排水管、底座、波轮等。

d. 注意事项：

——将紧固螺丝完全取出。

——配件不可有电线残留。

9.3.3.1 单筒洗衣机

拆下水槽盖板	拆下旋转盘	拆下脱水槽的固定螺丝
电线、排水管的回收	取下电器部件、电机	分离变速器
内桶的回收	拆下盐水环	拆下底板
拆下内桶	拆下内槽的固定螺丝	取出洗衣机内槽的部件

取出洗衣机内槽的部件	拆下固定螺丝	拆下马达支撑部
 取出洗衣机内槽的部件 ...		

拆下V形皮带、电线　拆下马达、电容　拆下滑轮

拆下滑轮下的螺丝

拆下脱水槽

9.3.3.2 双筒洗衣机

底座拆除前	底座拆除后	脱水桶电机拆除前

脱水桶电机拆除后	脱水盘拆除前

塑料螺母	脱水盘拆除后

9.3.3.3 滚筒洗衣机

滚筒与外壳分离	拆配重块	拆桶口密封圈
拆电机	拆皮带轮	滚筒前后分离

内胆分离	拆加热管

9.4 房间空调器

9.4.1 分体房间空调器室内机

9.4.1.1 拆除面板部件

a. 工作内容：检查主要零部件是否完整、缺失。拆下面板支撑杆，拆下面板，卸下面板上的显示板。

b. 工具设备：螺丝刀、传送带等。

c. 主要拆解产品：面板等。

d. 注意事项：

——将紧固螺丝完全取出。

——配件不可有电线残留。

拆除面板部件	拆下前壳（面板）
拆显示板	拆下的显示板

9.4.1.2 拆除导风板、过滤网、电器盒盖

a. 工作内容：拆下导风板中间轴套，拆下过滤网，拆下导风板，卸下电器盒盖。

b. 工具设备：螺丝刀、钳等。

c. 主要拆解产品：过滤网、导风板等。

d. 注意事项：

——将紧固螺丝完全取出。

——配件不可有电线残留。

面板、支撑杆、导风板、过滤网	过滤网	电器盒盖

拆下电器盒盖	拆下导风板

9.4.1.3 拆除面板体部件

a. 工作内容：从面板体卡槽中取出环境感温包，卸下面板体。

b. 工具设备：钳、螺丝刀等。

c. 主要拆解产品：面板、海绵、泡沫等。

d. 注意事项：

——将紧固螺丝完全取出。

——撕除塑料件表面的泡沫与海绵。

面板体及环境感温包（中间）

9.4.1.4 拆除挡水胶片和步进电机等

a. 工作内容：取下挡水胶片，卸下电器盒上的接地螺钉，卸下电器盒与底壳之间的固定螺钉，拆下环境感温包，拆下电器盒盖，卸下步进电机。

b. 工具设备：螺丝刀、钳、扳手等。

c. 主要拆解产品：挡水胶片、步进电机、电器盒等。

d. 注意事项：

——将紧固螺丝完全取出。

——配件不可有电线残留。

挡水胶片	卸下电器盒屏蔽盒
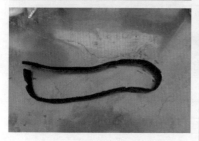	

筒状风扇步进电机（右上）和导风板的步进电机（右下）

9.4.1.5 拆解电器盒部件

a．工作内容：拆下电机线、导风电机线、左右扫风电机线等，卸下电器盒屏蔽盒，卸下固线夹、取出电源连接线，卸下变压器与接线板，取出主板，卸下主板上的螺钉，卸下电器盒屏蔽盒。

b．工具设备：钳、扳手、螺丝刀、专用机械等。

c．主要拆解产品：电器盒、电器盒盖、固线夹、连接线、主板等。

d．注意事项：

——将紧固螺丝完全取出。

——将连接线完全拆下。

拆电路板	主板（上缘）

电器盒屏蔽盒	变压器

9.4.1.6 拆卸接水盘部件

a. 工作内容：卸下接水盘。

b. 工具设备：钳、扳手、螺丝刀等。

c. 主要拆解产品：接水盘、海绵、泡沫等。

d. 注意事项：

——将紧固螺丝完全取出。

接水盘固定螺丝

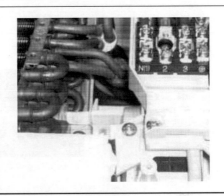

接水盘

9.4.1.7 拆卸连接管压板、蒸发器支架、电机压板

a. 工作内容：从底壳背面卸下连接管压板，卸下蒸发器组件左右的蒸发器左支架和电机压板。

b. 工具设备：钳、扳手、螺丝刀等。

c. 主要拆解产品：连接管压板、支架、电机压板等。

d. 注意事项：

——将紧固螺丝完全取出。

连接管压板	蒸发器支架（左）和电机压板（右中）
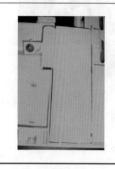	

9.4.1.8 拆卸换热组件

a. 工作内容：卸下蒸发器组件与电机压板螺钉，拆除换热器组件。

b. 工具设备：钳、扳手、螺丝刀等。

c. 主要拆解产品：塑料件、换热器组件等。

d. 注意事项：

——将紧固螺丝完全取出。

拆解蒸发器组件	电机压板与蒸发器组件固定螺丝	分离蒸发器

9.4.1.9 拆卸贯流风叶

a. 工作内容：拆下电机，拆出轴承胶圈座，分离出承芯，拆除贯流风叶，并用铁锤分离转轴与叶体。

b. 工具设备：钳、扳手、螺丝刀、铁锤等。

c. 主要拆解产品：塑料件、电机。

d. 注意事项：

——将紧固螺丝完全取出。

电机（左），轴承胶圈座（右）	拆卸风叶电机

9.4.1.10 拆卸底壳

a. 工作内容：撕除底壳上的泡沫、海绵、绒布。

b. 工具设备：钳、扳手、螺丝刀等。

c. 主要拆解产品：塑料件、泡沫、海绵、绒布等。

d. 注意事项：

——将紧固螺丝完全取出。

——撕除塑料件表面的泡沫与海绵。

底座	底座

9.4.2 分体房间空调器室外机

9.4.2.1 拆除外壳，检查室外机主要零部件

　　a. 工作内容：检查室外机主要零部件是否完整。

　　b. 工具设备：螺丝刀、传送带、起重设备等。

　　c. 主要拆解产品：外壳。

　　d. 注意事项：

　　——检查房间空调器室外机铭牌，确认制冷剂类别。

　　——搬运过程中注意防止物料滑落。

　　——对于以消耗臭氧层物质为制冷剂的房间空调器室外机，检查压缩机是否完整、缺失。否则应当按非基金业务单独管理。

铭牌	上料

扫条码	拆除面板部件

拆外壳	

9.4.2.2 制冷剂回收

a. 工作内容：回收压缩机中的制冷剂。

b. 工具设备：制冷剂回收机、钳等。

c. 主要拆解产品：制冷剂。

d. 注意事项：回收属于消耗臭氧层物质的制冷剂。

拆卸配管外罩壳	回收配管的连接

制冷剂回收	制冷剂回收配管

9.4.2.3 拆除冷凝器

　　a. 工作内容：拆除压缩机座、冷凝器。

　　b. 工具设备：钳、螺丝刀等。

　　c. 主要拆解产品：冷凝器。

　　d. 注意事项：无。

拆铜管	冷凝器

9.4.2.4 拆解压缩机、电机、机座，拆除电器元件

a. 工作内容：拆解压缩机座、散热器等。

b. 工具设备：钳、扳手等。

c. 主要拆解产品：电机、压缩机、电线、橡胶、金属、电路板等。

d. 注意事项：防止压缩机油泄漏。

拆风扇叶片	拆下电装部件

拆除压缩机	风扇电机叶片支架分离

9.4.2.5 回收压缩机油

a. 工作内容：将压缩机打孔，用专用容器回收储存压缩机油。

b. 工具设备：打孔机等。

c. 主要拆解产物：压缩机、压缩机油。

d. 注意事项：

——操作场所有防漏截流措施，防止压缩机油泄漏。

——使用专用容器回收储存压缩机油。

回收压缩机油

9.4.2.6 其他工艺

使用其他工艺的，应当能保证分离压缩机，回收并分类储存压缩机油和其中的制冷剂。

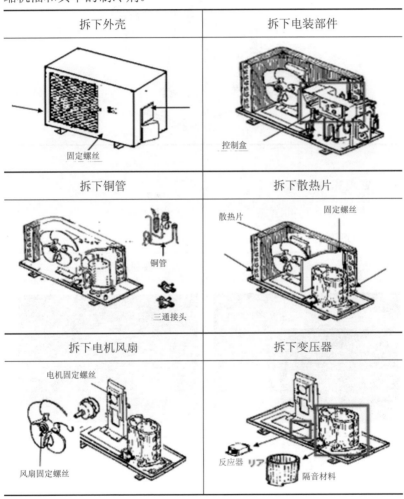

拆下外壳	拆下电装部件
固定螺丝	控制盒
拆下铜管	拆下散热片
铜管 三通接头	散热片 固定螺丝
拆下电机风扇	拆下变压器
电机固定螺丝 风扇固定螺丝	反应器 リア 隔音材料

拆下压缩机

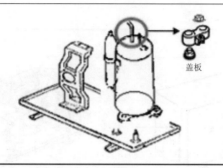

盖板

9.4.3 窗式房间空调器

参照分体式房间空调器室内机和室外机的操作。

制冷剂回收

铜管	氟利昂回收打孔处
	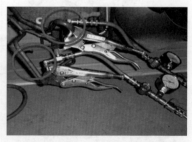

拆解

拆下内部件	拆卸电装部件	拆卸散热片
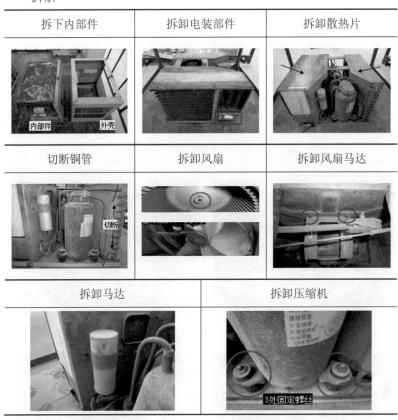		
切断铜管	拆卸风扇	拆卸风扇马达
拆卸马达		拆卸压缩机

9.5 微型计算机

9.5.1 台式微型计算机主机

检查主要零部件是否完整、缺失。

9.5.1.1 拆除外壳

a. 工作内容：卸下固定主机外壳四周的螺丝，取下外壳，拆除外壳上零部件。

b. 工具设备：螺丝刀、传送带等。

c. 主要拆解产物：外壳、塑料件、金属件等。

d. 注意事项：

——注意防止塑料碎片四溅。

——塑料壳避免混入其他非塑料杂物。

电脑主机	拆外壳固定螺钉
打开前盖	取下外壳

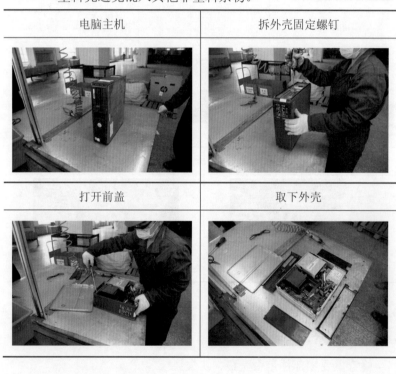

9.5.1.2 拆除电源盒

a. 工作内容：去除固定电源盒螺丝，推出电源盒，拔掉连接在电源盒与光驱、软驱的连接线，取出电源盒。

b．工具设备：螺丝刀、钳等。

c．主要拆解产物：电源盒、电线等。

d．注意事项：

——电源盒外露的电源线应当齐根剪切。

取出电源盒	拔下电源线	齐根剪电源线另一端

9.5.1.3 拆除光驱、软驱、硬盘

a．工作内容：卸下光驱、软驱、硬盘固定螺丝，取下光驱、软驱、硬盘。

b．工具设备：钳、螺丝刀等。

c．主要拆解产物：光驱、软驱、硬盘等。

d．注意事项：

——对于锈蚀的固定螺丝要割除，以方便将物件取下。

——对光驱、软驱、硬盘自行进行进一步拆解处理的，应当按照二次加工管理，建议根据客户需要采取必要的信息消除措施，如消磁等。

拆解光驱	拆解软驱	拆解硬盘

9.5.1.4 拆除排线

a. 工作内容：拔掉主板与光驱、硬盘、软驱等连接的排线。

b. 工具设备：钳、螺丝刀等。

c. 主要拆解产物：电源线、数据线等。

d. 注意事项：无。

拔掉主板与光驱、硬盘、软驱等连接的排线

9.5.1.5 拆除网卡、声卡、显卡、内存条等板卡（如有）

a. 工作内容：拆除螺丝，拔掉网卡、声卡、显卡及其他板卡。

b. 工具设备：钳、螺丝刀等。

c. 主要拆解产物：网卡、声卡、显卡等。

d. 注意事项：无。

拔掉其他板卡

9.5.1.6 拆除主板

a. 工作内容：拆除固定主板螺丝，取下主板，拆下CPU、散热风扇、纽扣电池等。

b. 工具设备：钳、螺丝刀等。

c. 主要拆解产物：主板、CPU、散热风扇、纽扣电池等。

d. 注意事项：

——CPU参照印刷电路板管理。

——主板上的散热器、风扇、CPU、内存条、显卡、网卡、声卡等外接组件应当拆除，将连接导线、排线拔出或剪断。

拆散热片	拆散热风扇	拆下CPU
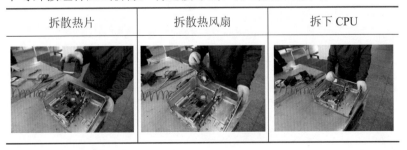		

拆主板	取下主板	主板上纽扣电池（右上）
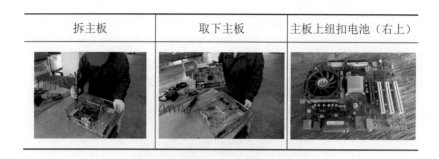		

9.5.2 台式微型计算机阴极射线管（CRT）显示器

本章节内容请参考 9.1.1 的内容。

9.5.3 台式微型计算机平板显示器

本章节内容请参考 9.1.2 的内容。

9.5.4 一体式台式微型计算机

本章节内容请参考 9.1.2 的内容。

9.5.5 便携式微型计算机

本章节内容请参考 9.1.2 的内容。

附件 1 主要拆解产物清单（规范性附录）

1. 电视机

序号	名称	危险特性	场内管理要求	场外处理要求
1	外壳	不属于危险废物，但可能含有多溴联苯、多溴二苯醚，有环境风险	毁形，分类集中贮存	按《废塑料污染控制技术规范》综合利用，不能利用的焚烧处置
2	电源线外皮	不属于危险废物，但可能含有多溴联苯、多溴二苯醚，有环境风险	分类集中贮存	按《废塑料污染控制技术规范》综合利用，不能利用的焚烧处置
3	电路板	属于危险废物，按 HW49 管理	分类集中贮存	交由持有危险废物经营许可证且具有相应经营范围的单位处理
4	管颈管（电子枪）玻璃	含铅，属于危险废物，按 HW49 管理	分类集中贮存	交由持有危险废物经营许可证且具有相应经营范围的单位处理

序号	名称	危险特性	场内管理要求	场外处理要求
5	锥玻璃	含铅，属于危险废物，按HW49管理	分类集中贮存	交由持有危险废物经营许可证且具有相应经营范围的单位处理
6	屏玻璃	一般工业固体废物，但可能因分离不干净而混入少量含铅玻璃	分类集中贮存	综合利用或处置
7	CRT荧光粉	按照HW49类危险废物管理	封装贮存	交由持有危险废物经营许可证且具有相应经营范围的单位处理
8	含汞背光灯管	属于危险废物，按HW29管理	单独密闭贮存，防止灯管破损	交由持有危险废物经营许可证且具有相应经营范围的单位处理
9	液晶面板	—	分类集中贮存	综合利用、填埋或焚烧，可进入生活垃圾焚烧炉、工业固体废物焚烧炉或危险废物焚烧炉
10	电容	—	分类集中贮存	综合利用

2. 电冰箱

序号	名称	危险特性	场内管理要求	场外处理要求
1	电源线外皮、电器盒、开关控制盒、压缩机后盖等	不属于危险废物，但可能含有多溴联苯、多溴二苯醚，有环境风险	分类集中贮存	按《废塑料污染控制技术规范》综合利用，不能利用的焚烧处置
2	含有消耗臭氧层物质的制冷剂	不属于危险废物，但消耗臭氧层物质有环境风险	制冷剂使用专用容器密封贮存	含有消耗臭氧层物质的制冷剂应当提供或委托给有依据《消耗臭氧层物质管理条例》(国务院令 第 573 号)经所在地省级环境保护主管部门备案的单位进行回收、再生利用，或委托给有危险废物经营许可证、具有销毁技术条件的单位销毁
3	异丁烷制冷剂	易燃易爆	贮存使用异丁烷(600a)制冷剂的电冰箱应当注意贮存环境的通风	收集的碳氢类制冷剂 R600a 等应当在具有强制排风的环境下稀释放空
4	压缩机、电动机、电线电缆	不属于危险废物，但部分含有残留机油等危险废物，成分或可能含有多溴联苯、多溴二苯醚，有环境风险	分类放置，防止残留机油泄漏	委托具有相应拆解处理能力的废弃电器电子产品处理企业、电子废物拆解利用处置单位名录内企业，进口废五金电器、电线电缆单位和电机定点加工利用单位处理

序号	名称	危险特性	场内管理要求	场外处理要求
5	润滑油	属于危险废物，按 HW08 管理	专用容器回收储存	交由持有危险废物经营许可证且具有相应经营范围的单位处理
6	电路板	属于危险废物，按 HW49 管理	分类集中贮存	交由持有危险废物经营许可证且具有相应经营范围的单位处理
7	使用非环戊烷发泡剂的保温层材料	不属于危险废物，但含有消耗臭氧层物质，有环境风险	注意采取防火措施	填埋或焚烧
8	使用环戊烷发泡剂的保温层材料	可能具有燃爆风险	采用破碎、分选方法处理使用环戊烷发泡剂的保温层材料时，注意采取检测、通风和防爆等相应的安全措施	去除发泡剂的保温层材料可作为一般工业固体废物进行填埋或焚烧；未去除发泡剂的保温层材料委托具有相应处理能力的单位处理
9	电动机电容	—	分类集中贮存	综合利用

3. 洗衣机

序号	名称	危险特性	场内管理要求	场外处理要求
1	电动机、排水电机、电线电缆	不属于危险废物，但部分含有机油等危险废物成分或可能含有多溴联苯、多溴二苯醚，有环境风险	分类集中贮存	委托具有相应拆解处理能力的废弃电器电子产品处理企业、电子废物拆解利用名录内企业或者进口废五金电器、电线电缆和电机定点加工利用单位处理
2	电路板	属于危险废物，按 HW49 管理	分类集中贮存	交由持有危险废物经营许可证且具有相应经营范围的单位处理
3	电源线外皮、电器盒、显示板盖板等	不属于危险废物，但可能含有多溴联苯、多溴二苯醚，有环境风险	分类集中贮存	按《废塑料污染控制技术规范》综合利用，不能利用的焚烧处置
4	平衡环内盐水	含盐工业废水		稀释后达标排放
5	电动机电容	—	分类集中贮存	综合利用

4. 房间空调器

序号	名称	危险特性	场内管理要求	场外处理要求
1	电源线外皮、电器盒、显示板盖板等	不属于危险废物，但含溴代阻燃剂，有环境风险	分类集中贮存	按《废塑料污染控制技术规范》综合利用，不能利用的焚烧处置
2	制冷剂	不属于危险废物，但主要是利用品类 R22、R410a，是氟利昂氧层物质，有环境风险	制冷剂使用专用容器密封贮存	氟利昂类制冷剂应委托给所在地省级环境保护主管部门备案的单位进行回收、再生利用，或委托给持有危险废物经营许可证、具有销毁技术条件的单位销毁
3	压缩机、电动机（包含风扇用电动机）、电线电缆	不属于危险废物，但部分含有残留机油等可能含有多溴联苯、多溴二苯醚，有环境风险	分类放置，防止残留机油泄漏	委托具有相应拆解处理能力的废弃电器电子产品处理企业、电子废物拆解利用处置名录内企业或者进口废五金电器、电线电缆和电机定点加工利用单位处理
4	润滑油	属于危险废物，按 HW08 管理	专用容器回收储存	交由持有危险废物经营许可证且具有相应经营范围的单位处理
5	电路板	属于危险废物，按 HW49 管理	分类集中贮存	交由持有危险废物经营许可证且具有相应经营范围的单位处理
6	电机电容	一	分类集中贮存	综合利用

5. 微型计算机

序号	名称	危险特性	场内管理要求	场外处理要求
1	主机外壳、显示器外壳	不属于危险废物，但可能含有多溴联苯、多溴二苯醚，有环境风险	毁形、分类集中贮存	按《废塑料污染控制技术规范》综合利用，不能利用的焚烧处置
2	电源线线皮	不属于危险废物，但可能含有多溴联苯、多溴二苯醚，有环境风险	分类集中贮存	按《废塑料污染控制技术规范》综合利用，不能利用的焚烧处置
3	电动机（包含风扇用电动机）、电线电缆	不属于危险废物，但部分含有机油等危险废物成分或可能含有多溴联苯、多溴二苯醚，有环境风险	分类集中贮存	委托具有相应拆解处理能力的废弃电器电子产品处理企业、电子废物拆解利用单位名录内企业或者进口废五金电器、电线电缆和电机定点加工利用单位处理
4	锂电池	可能具有爆炸风险	存放前宜放电处理，远离明火和热源	委托具有相应处理能力的单位处理

序号	名称	危险特性	场内管理要求	场外处理要求
5	电源、光驱、软驱、硬盘等电子废物类拆解部件	属于电子废物，不属于危险废物，但含有电路板等危险废物成分、有环境风险	硬盘等信息存储介质应根据客户要求进行信息消除或破坏处理，防止信息泄露；涉密设备应当按照保密管理相关规定处理	委托给具有相应拆解处理能力的废弃电器电子产品处理企业或者电子废物拆解利用处置单位名录内企业进行进一步拆解处理，不能利用的进行填埋或焚烧
6	主板、网卡、声卡、显卡、内存条、CPU及其他电路板	属于危险废物，按 HW49 管理	分类集中贮存	交由持有危险废物经营许可证且具有相应经营范围的单位处理

注：

1.各表中所指场外处理要求是指处理企业对相关拆解产物不能自行利用处置时，需要交由其他单位利用处置的要求。属于危险废物的拆解产物，应当符合相应的环境保护要求。

2.属于危险废物的拆解产物，其场外委托综合利用或处置单位必须具有相应类别危险废物经营许可证。不属于危险废物的拆解产物，其场外处理要求为"委托具有相应处理能力的单位进行处理"的，处理企业在确定委托处理单位时，应当与所委托单位明确相应的处理技术方案，包括处理方法、工艺设施、污染控制措施、处理效果等内容。

附件 2 工业危险废物产生单位规范化管理主要指标及管理内容

项 目	主 要 内 容	达 标 标 准
一、污染环境防治责任制度（《固体废物污染环境防治法》，简称《固废法》第三十条）	1. 产生工业固体废物的单位应当建立、健全污染环境防治责任制度，采取防治工业固体废物污染环境的措施	建立了责任制，负责人明确、责任清晰、负责人熟悉危险废物管理相关法规、制度、标准、规范
二、标识制度（《固废法》第五十二条）	2. 危险废物的容器和包装物必须设置危险废物识别标志	依据《危险废物贮存污染控制标准》（GB 18597—2001）附录 A 和《环境保护护图形标志-固体废物贮存（处置）场》（GB 15562.2—1995）所示标准设置危险废物识别标志的为达标；已设置但不规范的为基本达标；未设置的为不达标
	3. 收集、贮存、运输、利用、处置危险废物的设施、场所，必须设置危险废物识别标志	
三、管理计划制度（《固废法》第五十三条）	4. 危险废物管理计划包括减少危险废物产生量和危害性的措施	制定了危险废物管理计划：内容齐全、危险废物的产生环节、种类、危害特性、产生量、利用处置方式描述清晰；报环保部门备案；及时申报了重大改变
	5. 危险废物管理计划包括危险废物贮存、利用、处置措施	
	6. 报所在地县级以上地方人民政府环保护行政主管部门备案危险废物管理计划内容有重大改变的，应当及时申报	

项　目	主　要　内　容	达　标　标　准
四、申报登记制度（《固废法》第五十三条）	7. 如实地向所在地县级以上地方人民政府环境保护行政主管部门申报危险废物的种类、产生量、流向、贮存、处置等有关资料	如实申报（可以是专门的危险废物申报或纳入排污申报中一并申报）；内容齐全；能提供证明材料，如关于危险废物产生和处理情况的日常记录等 证明所申报数据的真实性和合理性
	8. 申报事项有重大改变的，应当及时申报	申报事项有重大改变了及时申报
五、源头分类制度（《固废法》第五十八条）	9. 按照危险废物特性分类进行收集、贮存	危险废物包装容器上标识明确；危险废物按种类分别存放，且不同类废物间有明显的间隔（如过道等）
六、转移联单制度（《固废法》第五十九条）	10. 在转移危险废物前，向环保部门报批危险废物转移计划，并得到批准	有获得环保部门批准的转移计划
	11. 转移危险废物的，按照《危险废物转移联单管理办法》有关规定，如实填写转移联单中产生单位栏目，并加盖公章	按照实际转移的危险废物，如实填写危险废物转移单
	12. 转移联单保存齐全	当年截止到检查日期前的危险废物转移单
七、经营许可证制度（《固废法》第五十七条）	13. 转移的危险废物，全部提供或委托给持危险废物经营许可证的单位从事收集、贮存、利用、处置的活动	除贮存和自行利用处置的，全部提供或委托给持危险废物经营许可证的单位
	14. 有与危险废物经营单位签订的委托利用、处置危险废物合同	有与持危险废物经营许可证的单位签订的合同

项 目	主 要 内 容	达 标 标 准
八、应急预案备案制度（《固废法》第六十二条）	15. 制定了意外事故的防范措施和应急预案	有意外事故应急预案（综合性应急预案）有专门应急预案
	16. 向所在地县级以上地方人民政府环境保护行政主管部门备案	在当地环保部门备案
	17. 按照预案要求每年组织应急演练	上年度组织应急预案演练
九、贮存设施管理（《固废法》第十三条、第五十八条）	18. 依法进行环境影响评价，完成"三同时"验收	有环评材料，并完成"三同时"验收
	19. 符合《危险废物贮存污染控制标准》的有关要求	贮存场所地面须作硬化处理、场所应有雨棚、围堰或围墙；设置废水导排管道或渠道，将冲洗废水纳入企业废水处理设施处理；贮存液态或半固态废物的，还设置泄漏液体收集装置；场所应当设置警示标志装载危险废物的容器完好无损
	20. 贮存期限不超过一年；延长贮存期限的，报经环保部门批准	危险废物贮存不超过一年；超过一年的经环保部门
	21. 未混合贮存性质不相容而未经安全性处置的危险废物	做到分类贮存
	22. 未将危险废物混入非危险废物中贮存	做到分类贮存
	23. 建立危险废物贮存台账，并如实记录危险废物贮存情况	有台账，并如实记录危险废物贮存情况

项　目	主　要　内　容	达　标　标　准
十、利用设施管理（《固废法》第十三条）	24. 依法进行环境影响评价，完成"三同时"验收	有环评材料，并完成"三同时"验收
	25. 建立危险废物利用台账，并如实记录危险废物利用情况	有台账，并如实记录危险废物利用情况
	26. 定期对利用设施污染物排放进行环境监测，并符合相关标准要求	监测频次符合要求，有定期环境监测报告，并且污染物排放符合相关标准要求者为达标。监测频次不符合要求，有当年环境监测报告（年初检查者的，有上年度报告），并且污染物排放符合相关标准要求者为基本达标。其余为不达标
十一、处置设施管理（《固废法》第十三条、第五十五条）	27. 依法进行环境影响评价，完成"三同时"验收	有环评材料，并完成"三同时"验收
	28. 建立危险废物处置台账，并如实记录危险废物处置情况	有台账，并如实记录危险废物处置情况
	29. 定期对处置设施污染物排放进行环境监测，并符合《危险废物焚烧污染控制标准》、《危险废物填埋污染控制标准》等相关标准要求	有环境监测报告，并且污染物排放符合相关标准要求

项 目	主 要 内 容	达 标 标 准
十二、业务培训（《关于进一步加强危险废物和医疗废物监管工作的意见》（环发[2011]19号）第（五）条）	30. 危险废物产生单位应当对本单位工作人员进行培训	相关管理人员和从事危险物收集、运送、暂存、利用和处置等工作的人员掌握国家相关法律法规、规章和有关规范性文件的规定；熟悉本单位制定的危险物管理规章制度、工作流程和应急预案等各项要求；掌握危险废物分类收集、运送、暂存的正确方法和操作程序

废弃电器电子产品规范拆解处理作业及生产管理指南（2015年版）规范性要求汇编

本指南中描述为"应当"、"确保"或者"不得"的内容为规范性要求，处理企业应当遵守。全文（包括正文和规范性附录附件1）中，"应当"210处、"应"3处、"确保"12处、"不得"22处、"不应"1处，规范性要求合计正文中172条，附件1中6条。

章　节	内　容
4.基本要求	本指南中描述为"应当"、"确保"或者"不得"的内容为规范性要求，处理企业应当遵守；其他内容为指导性内容，处理企业可以结合实际情况参考借鉴
4.1 符合法律法规的要求	处理企业应当符合《废弃电器电子产品处理企业资格许可管理办法》（环境保护部令第13号）、《废弃电器电子产品处理企业资格审查和许可指南》（环境保护部公告 2010 年第 90 号）、《关于完善废弃电器电子产品处理基金等政策的通知》（财综〔2013〕110 号）等有关政策法规的要求

章　节	内　容
4.2 处理资格和基金补贴资格	处理企业应当取得《废弃电器电子产品处理资格证书》（以下简称《证书》），并经财政部、环境保护部会同发展改革委、工业和信息化部审查合格，方可列入《名单》
	处理企业拆解处理废弃电器电子产品应当符合国家有关资源综合利用、环境保护的要求和相关技术规范，并经环境保护部按照办法核定的审核废弃电器电子产品拆解处理数量后，方可获得基金补贴
4.3 处理能力和处理数量	处理企业各类废弃电器电子产品的年许可处理能力不得高于环境影响评价和竣工环境保护验收批复的年处理能力，年实际拆解处理量应当至少达到年许可处理能力的20%，但最高不得高于年许可处理能力
	原则上，各省（区、市）全部处理企业的年许可处理能力之和应当控制在本地区废弃电器电子产品处理发展规划的能力范围之内
4.4 基金补贴业务独立管理	厂区基金补贴范围内产品拆解处理的业务区域应当为集中、独立的一整块场地，布局合理，与实际处理能力匹配，只设一个货物进出口
	处理企业同时从事基金补贴范围之外的其他业务的（如：危险废物处理等），基金补贴范围内的废弃电器电子产品的业务区域与其他业务的物流、拆解处理、信息系统、视频监控、贮存、财务管理等，可以参照废弃电器电子产品管理要求设置，但应当单独管理，不得与基金补贴范围内的废弃电器电子产品混杂；与基金补贴范围内的废弃电器电子产品的拆解处理业务共用生产线时，应当明确划分不同的拆解作业时间，不得混拆

章　节	内　容
4.5 基金补贴范围的废弃电器电子产品	纳入基金补贴范围的废弃电器电子产品应当同时符合以下条件： a. 按《废弃电器电子产品处理基金征收使用管理办法》享受补贴的产品； b. 满足废弃电器电子产品处理审核相关要求规定的废弃电器电子产品无害化处理数量核定原则。 基金补贴范围内的废弃电器电子产品不包括以下类别的废弃电器电子产品： a. 工业生产过程中产生的残次品或呆滞废品； b. 海关、工商、质监等部门罚没并委托处置的电器电子产品； c. 处理企业接收和处理的废弃电器电子产品不具备的主要零部件的； d. 处理企业不能提供相关处理数量的基础生产台账、视频资料等证明材料的，包括因故遗失相关原始凭证，或原始凭证损毁的； e. 在运输、搬运、贮存等过程中严重破损，造成上线拆解处理时不具有主要零部件，或无法以整机形式进行拆解处理作业的。例如：采用屏锥分离工艺处理CRT电视机的，CRT在屏锥分离前破碎，无法按完整CRT正常进行屏锥分离作业； f. 非法进口产品； g. 电器电子产品模型，以及出于其他目的而拼装制作的不具备电器电子产品正常使用功能的仿制品

章节	内 容
4.6 主要零部件	纳入基金补贴范围的废弃电器电子产品，应当具备以下主要零部件（见表1）

产品名称	主要零部件
CRT 黑白电视机	CRT、机壳、电路板
CRT 彩色电视机	CRT、机壳、电路板
平板电视机（液晶电视机、等离子电视机）	液晶屏（等离子屏）、机壳、电路板
电冰箱	箱体（含门）、压缩机
洗衣机	电机、机壳、桶槽
房间空调器	机壳、压缩机、冷凝器（室内机及室外机）、蒸发器（室内机及室外机）
台式电脑 CRT 黑白显示器	CRT、机壳、电路板
台式电脑 CRT 彩色显示器	CRT、机壳、电路板
台式电脑液晶显示器	液晶屏、机壳、电路板
电脑主机	机壳、主板、电源
一体机、笔记本电脑	机壳、电路板、液晶屏、光源

章 节	内 容	
4.7 关键拆解产物	纳入基金补贴范围的废弃电器电子产品拆解处理后应当得到的拆解产物（见表 2）	
	产品名称	关键拆解产物
	CRT 黑白电视机	CRT 玻璃、电路板
	CRT 彩色电视机	CRT 锥玻璃、电路板
	平板电视机（液晶电视机、等离子电视机）	液晶屏（等离子面板）、电路板、光源
	电冰箱	保温层材料、压缩机
	洗衣机	电动机
	房间空调器	压缩机、冷凝器（室内机及室外机）、蒸发器（室内机及室外机）
	台式电脑 CRT 黑白显示器	CRT 玻璃、电路板
	台式电脑 CRT 彩色显示器	CRT 锥玻璃、电路板
	台式电脑液晶显示器	电路板、液晶面板、光源
	电脑主机	电路板、电源
	一体机、笔记本电脑	电路板、液晶面板、光源
4.8 负压环境	处理企业应当根据《废弃电器电子产品处理工程设计规范》的要求，参照其他相关规范，针对不同位置粉尘及其他废气中污染物的特点和污染控制需求等情况，合理确定除尘设备的集气罩风速、风量、风压、尺寸等各项参数，进行负压设计	

章　节	内　容
4.9 专业技术人员	处理企业应当具有至少 3 名中级以上职称专业技术人员，其中相关安全、质量和环境保护的专业技术人员至少各 1 名。负责安全的专业人员建议具有注册安全工程师资格，并按照《中华人民共和国安全生产法》的要求制定安全操作管理手册
5.1 管理体系构成	处理企业应当具有负责废弃电器电子产品处理相应的运营管理和环境管理类职能部门，划分清晰的组织结构，并明确划职分工。其中，应当指定部门负责废弃电器电子产品处理基金补贴申请的内审自查工作
5.2.1.1 生产计划 a. 年度计划要点	确保各类废弃电器电子产品拆解处理量达到许可处理能力的 20%以上，但不得高于年许可处理能力
	制定每日拆解作业计划，明确拆解作业的废弃电器电子产品种类、作业班组、生产线安排、生产工具安排等。当天产生的拆解产物应当当天入库（日产日清）。当天是指处理企业生产安排的一个生产日周期，在该生产日周期内拆解处理的废弃电器电子产品应当与其产生的拆解产物相对应，以下同
5.2.1.1 生产计划 c. 日计划要点	制定拆解产物出厂计划，拆解产物运输车辆应当当天进厂当天出厂，当天进厂确实无法当天出厂的，应当在视频监控范围内的固定区域停放，并建立运输车辆过夜管理记录； 每条拆解生产线，当天拆解作业尽量安排同种类别，应当将同类别、同规格废弃电器电子产品拆解；同规格的废弃电器电子产品集中拆解如确实需要安排变换拆解处理对象，应当将拆解产物变换重后再变换类别、规格完毕，将拆解产物计量称重后再变换类别、规格

章 节	内 容
	视频监控若设备故障或停电时，**应当立即通知**生产线暂停相应点位拆解处理作业，待故障排除或恢复供电后再恢复作业 拆解生产线停电或设备故障无法完成拆解作业时，**应当停止作业**，维持现状，待故障排除或恢复供电后再恢复作业
5.2.1.3 作业现场管理 b. 建立生产异常情况反应和处理机制	因停电、视频监控设备故障、拆解生产线或设备故障等原因造成的已出库但尚未进入拆解处理作业环节的废弃电器电子产品，**应当待故障排除或恢复供电后再继续拆解处理作业**；对于已经开始手工拆解部分的废弃电器电子产品，可以暂停生产活动，也可以组织手持录像对手工拆解作业环节进行录像；对于已经完成手工拆解，但尚未进行后续处理的中间拆解品，**应当停止生产活动**，维持现状，直到排除故障恢复供电
5.2.2.1 进出厂管理	c. 货物运输车辆进出厂**应当过磅**，并能同时打印磅单 d. 货物运输车辆**应当天入厂**、当天出厂，避免运输车辆在厂内停留过夜。确实无法当天出厂的，**应当在视频监控范围内的固定区域停放**，并建立运输车辆过夜管理记录 e. 运输车辆进出厂过程中**应当防止**货物和包装损坏、遗撒或泄漏
5.2.2.2 厂内运输管理	c. 装载和卸载废弃电器电子产品及其拆解产物的区域**应当固定** d. 运输、装载、装卸废弃电器电子产品及其拆解产物时，**应当采取防止发生碰撞或跌落的措施**

章 节	内　容
5.2.2.3 废弃电器电子产品分类检查入库	入库前，应当分类检查入厂废弃电器电子产品是否属于基金补贴范围，是否完整，主要零部件是否齐全。经检查确定符合基金补贴范围的废弃电器电子产品，应当按基金补贴管理要求组织入库，分类别、分规格入库并登记入库信息（入库台账）。对缺少主要零部件等不属于基金补贴范围的废弃电器电子产品，应当作为非基金补贴业务单独管理，不宜拒收
5.2.2.4 仓储管理	仓储管理应当做到各类货物按区域划分、安全堆放、标识清楚明确、进出账目准确 　　a. 废弃电器电子产品及其拆解产物（包括最终废弃物）应当按类别分区存放；各分区应当在显著位置设置标识，标明贮存物的类别、名称、规格、注意事项等。废弃电器电子产品、一般拆解产物、危险废物不得混用贮存区域，应当根据其特性合理划分贮存区域，采取必要的隔离措施 　　b. 使用专用容器。具有存放废弃电器电子产品及其拆解产物（包括最终废弃物）的专用容器或者包装物。废弃电器电子产品应当整齐存放在统一规格的笼箱、托盘或者其他需要多层存放的，采取防止跌落、倾倒措施，如配置牢固的分层存放货架等。关键拆解产物和危险废物应当使用专用容器或者包装存放、塑料、金属等其他拆解产物可以打包存放。同种拆解产物的容器宜一致，不同类别拆解产物不得混装。含液体物质的零部件（如尚未滤油的压缩机等），部分种类的电池、电容器以及腐蚀性液体（如废酸等）应当存放在防泄漏的专用容器中。无法放入常用容器的危险废物可用防漏胶袋等盛装。容器材质应当与危险废物相容（不发生化学反应）。不得将不相容（相互反应）的危险废物放在同一容器

章　节	内　容
	c.　每个专用容器（包括以打包形式存放的拆解产物）均应当配置标注其内装物的种类或类别、数量、重量、计量称重时间，入库时间等基本信息的标签。贮存危险废物的容器，其标识应当符合《危险废物贮存污染控制标准》（GB 18597）
	e.　属于危险废物或要求按危废进行管理的拆解产物，应当贮存于危险废物贮存场地
5.2.2.4　仓储管理	f.　贮存使用环戊烷发泡剂、异丁烷制冷剂（600a制冷剂）等的电冰箱，应当注意贮存环境的通风。宜在专用的、具有防雨雨棚的室外贮存地贮存，或在具有地面强制排风、防爆燃等措施的室内贮存场地贮存，满足有关规范要求。不具备安全收集异丁烷、环戊烷等条件（如浓度监测、氮气保护、可燃气体稀释等措施）的处理企业，含该类物质的冰箱贮存前应当剪断压缩机和蒸发器的连接管，在具有良好通风条件处贮存，确保压缩机中的异丁烷放空
5.2.2.5　拆解产物入库	拆解产物应当分类、打包、称重、入库
	除日产生量较小的荧光粉、制冷剂等物质外，当天产生拆解产物应当当天入库
	涉及印刷电路板破碎分选金属和非金属的、废压缩机、废电机二次拆解或破碎的、加入其他地原料进行塑料深加工的，应当进行拆解产物称重入库操作后再出库进行二次加工
5.2.2.7　库房盘点	a.　定期开展库房盘点，并建立完善库房盘点记录，确保各库房存放物品与台账相符
	b.　危险废物贮存应当按照国家危险废物有关要求进行管理

章 节	内 容
5.2.3 设备管理	c. 当发生以下情况时，处理企业应当及时向当地县级和设区的市级环境保护主管部门报告，并做好工作记录 ——主要生产处理设施设备、污染防治设施设备、视频监控设备故障。 ——处理设施、设备进行长期停产维护、重大改造或对处理工艺流程进行重大调整时，应当事先报告
5.2.4 供应链管理	供应链管理包括对废弃电器电子产品供应商和拆解产物接收单位的管理。处理企业应当根据所在地环境保护主管部门的要求对与本企业有业务往来的废弃电器电子产品供应商、拆解产物接收单位名称、所在地、联系人及联系方式、许可经营情况等信息做好记录
5.2.4.1 废弃电器电子产品供应商管理	a. 建立供应商信息档案管理，确保回收的废弃电器电子产品来源于合法途径，并可实现回收信息追溯
5.2.4.2 拆解产物销售单位管理	a. 制定拆解产物销售单位标准，确保拆解产物进入符合环境保护要求、技术路线合理的利用处置单位
	b. 危险废物应当进入具有危险废物经营许可资质，并具有相关经营范围的利用处置单位

章　节	内　容
5.2.6 职业健康安全管理	b. 对于易发生人身伤害危险的环节，为员工提供有针对性的、有效的个人防护装备和用品。如：建议按照《劳动防护用品配备标准(试行)》（国经贸安全[2000]189 号），为操作工人提供必要的防护用品： ——为操作工人提供服装、防尘口罩、安全帽、防护手套、安全鞋、护目镜等防护用品； ——从事 CRT 除胶、拆除防爆带、锥屏玻璃分离设备操作的工人，应当穿/佩戴防护服装、防尘口罩、护目镜、隔热手套等防护用品； ——拆解异丁烷（600a）制冷剂的电冰箱时，工人应当穿着防静电工作服； ——从事搬运大件废弃电器电子产品的工人应当穿硬头安全鞋； ——消耗品(如防尘口罩滤芯等)定期更换； ——配备应急灯和事故柜，必要时配备氧气呼吸器和过滤式防毒面具及相应型号的滤毒灌，由专门的专职人员定期检查和更换
5.3.1.1 排放标准	污水排放应当符合《污水综合排放标准》（GB 8978）或地方标准。采用非焚烧方式处理废弃电器电子产品元（器）件、（零）部件的设备或设施，废气排放应当符合《大气污染物综合排放标准》（GB 16297）或地方标准；采用焚烧方式处理废弃电器电子产品及其元（器）件、（零）部件的设备或设施，采用焚烧或焚烧炉大气污染物排放应当符合《危险废物焚烧污染控制标准》（GB 18484）中危险废物焚烧炉大气污染物排放标准或地方标准。噪声应当符合《工业企业厂界环境噪声标准》（GB 12348）或地方标准

章 节	内 容
	应当在厂区及易产生粉尘的工位采取有效防尘、降尘、集尘措施，产生的扬尘、粉尘等，废气通过除尘过滤系统引至高处排放
	破碎分选、CRT除胶、CRT屏锥分离等生产环节或设备产生的废气等，应当通过除尘过滤系统净化引至高处排放
	使用含汞光灯管的平板电视机及显示器、液晶电视机及显示器应当在负压环境下拆解背光源，拆卸荧光灯管应当使用具有汞蒸气收集措施的专用负压工作台，并配备具有汞蒸气收集能力的废气收集装置（如载硫活性炭过滤装置）。收集的含汞荧光灯管、应当采取防止汞蒸气逸散的措施进行暂存
	冰箱、空调制冷剂预先抽取环节产生的有机废气应当经活性炭吸附净化后引至高处排放
5.3.1.2 主要污染防治措施 a. 废气污染控制措施	对于制冷剂为消耗臭氧物质的，应当按照《消耗臭氧层物质管理条例》的要求对消耗臭氧层物质进行回收、循环利用或者交由从事消耗臭氧层物质回收、再生利用、销毁等经营活动的单位进行无害化处置，或具有相关处理能力的焚烧设施处置（如工业固体废物焚烧设施或危险废物焚烧设施），不得直接排放
	使用整体破碎设备拆解含有环戊烷发泡剂冰箱的，应当具备环戊烷气体收集措施，收集后的气体通过强排风措施稀释，并引至高处排放。环戊烷收集环节应当具备环戊烷检测、喷雾和喷氢等措施，并设置自动报警装置
	荧光粉收集操作台应当设置集气罩；荧光粉应当在负压环境下收集并保存在密闭容器内

章　节	内　容
c. 固体废物污染控制措施	处理企业生产经营过程中产生的各类固体废物，应当按危险废物、一般工业固体废物、生活垃圾等进行合理分类，不能自行利用处置的，分别委托具有相关资质、经营范围或具有相应处理能力的单位利用或处置
d. 噪声污染控制措施	对于破碎机、分选机、风机、空压机、CRT屏锥分离设备等机械设备，应当采用合理的降噪、减噪措施。如选用低噪声设备、安装隔振元件、柔性接头，在空压机、风机等的输气管道或在排气口上安装消声元件，排气口等，采取屏蔽隔声等措施等
5.3.2 危险废物管理	危险废物的收集、贮存、转移、利用、处置活动应当遵守国家关于危险废物环境管理的有关法律法规和标准，满足关于产生单位危险废物规范化管理的的危险废物识别标志、危险废物管理计划、危险废物申报登记、转移联单、应急预案备案、危险废物经营许可等相关要求（参见附件2）
5.3.2.1 厂内管理	企业应当制定危险废物管理计划、建立、健全污染环境防治责任制度、严格控制危险废物污染环境 a. 制定危险废物管理计划，并向所在地县级以上地方环境保护主管部门申报，包括减少危险废物产生量和危害性的措施以及危险废物贮存、利用、处置措施。管理计划内容有重大改变的，应当及时申报 c. 危险废物单独收集贮存，包装容器、标识标签及贮存场所符合《危险废物贮存污染控制标准》（GB 18597）及相关规定。不得将危险废物堆放在露天场地

章 节	内 容
	制定危险废物利用或处置方案，确保危险废物无害化利用或处置
	a. 自行利用或处置危险废物，应当符合企业环评批复及竣工环境保护验收的要求。对不能自行利用或处置的危险废物，应当交由持有危险废物经营许可证并具有相关经营范围的企业进行处理，并签订委托处理合同
	b. 处理过程产生的固体废物危险性不明时，应当进行危险特性鉴别，不属于危险废物的按一般工业固体废物有关规定进行利用或处置，属于危险废物的按危险废物有关规定进行利用或处置
5.3.2.2 转移利用处置	c. 危险废物转移应当办理危险废物转移手续。在进行危险废物转移时，应当对所交接的危险废物如实进行转移联单的填报登记，并按程序利用期限向环境保护主管部门报告
	d. 危险废物的转移运输应当使用危险货物运输车辆。运输CRT含铅玻璃的车辆可豁免危险货物运输资质要求，但应当具有防遗撒、防散落以及合理安全保障措施的厢式货车或高栏货车进行运输。使用高栏货车时，装载的货物不得超过栏板高度并采取围板、防雨等防转落措施
	企业应当建立、健全污染环境防治责任制度，采取措施防止一般拆解产物污染环境
	a. 建立一般拆解产物记录，包括种类、产生量、流向、贮存、利用及处置等情况。有关记录应当分类登记成册，由专人管理，以备环保部门检查
5.3.3.1 厂内管理	b. 分类收集包装后贮存，并应当设置标识标签，注明拆解产物的名称、贮存时间、数量等信息。贮存场所应当具备水泥硬化地面以及防止雨淋的遮盖措施
	c. 一般拆解产物中不得混入危险废物

章 节	内 容
	a. 一般拆解产物的转移<u>应当</u>与接收单位签订销售合同并开具正规销售发票
	d. 压缩机、电动机、电线电缆等废五金电拆解产物，<u>应当委托环境保护部门核定的具有相应拆解处理能力的废弃电器电子产品处理企业、电子废物拆解利用处置单位处理</u>。处理企业不能自行加工利用的废五金电器、电线电缆和电机定点加工利用的，应当委托有相应处理能力的废弃电器电子产品处理企业或者进口废五金电器定点加工利用单位处理
	e. 电脑主机拆解产生的电源、光驱、软驱、硬盘等电子废物类拆解产物，处理企业不自行进一步拆解加工利用的，<u>应当委托环境保护部门核定的具有相应处理能力的废弃电器电子产品处理企业或者危险废物经营企业进行电子产品处理</u>
5.3.3.2 转移利用处置	f. 废弃电器电子产品中含有消耗臭氧层物质的制冷剂<u>应当回收</u>，并提供或委托给依据《消耗臭氧层物质管理条例》（国务院令第573号）经所在地省（区、市）环境保护主管部门备案的单位进行回收，或委托给持有危险废物经营许可证、具有销毁技术条件的单位销毁。绝热层发泡材料应当进入消耗臭氧层物质再生利用或销毁处置设备处理。危险废物应当进入危险废物处置设施，危险废物处置设施处理，或作为一般工业固体废物送至生活垃圾处理设施处置，<u>或以其他环境无害化的方式利用处置，不得随意处理和丢弃</u>
	g. 拆解产物宜以减容打包装形态出厂。电视机外壳、电脑主机机壳等主要拆解产物未进行毁形破坏的，<u>不得出厂</u>（见附件1）

章 节	内 容
5.3.4 环境监测	处理企业应按照有关法律和《环境监测管理办法》等规定，建立企业监测制度、自行监测方案，对污染物排放状况及其周边环境质量的影响开展自行监测，保存原始监测记录，并公布监测结果
	自行监测方案应当包括企业基本情况、监测指标（含特征污染物）、执行排放标准及其限值、监测点位、监测频次、监测方法和仪器、监测点位示意图、监测质量控制、结果信息公开时限，应急监测方案等
	处理企业不具备自行监测能力的，应当与具有监测服务资质的单位签订委托监测合同
6 数据信息管理	处理企业应当建立数据信息管理系统，并能够与环境保护主管部门数据信息管理系统对接。数据信息管理系统应当跟踪记录废弃电器电子产品在处理企业内部运转的整个流程，以及生产作业情况等
	根据废弃电器电子产品的处理流程，建立有关数据信息的基础记录表。有关记录表要求分解落实到处理企业内部的运输、贮存（或物流）、拆解处理和安全等相关部门。各项记录应当由相关经办人签字。各项记录的原始单据或凭证及时分类装订成册后存档，由专人管理、防止遗失，保存时间不得少于3年
6.2 废弃电器电子产品入库 6.2.1 管理要求	单台称重的废弃电器电子产品，可以称重后再使用专用标准容器周转、贮存，每一容器内应当装载同种类、同规格的废弃电器电子产品

章　节	内　容
6.4 废弃电器电子产品退库 6.4.1 管理要求	出现废弃电器电子产品出库后未能处理，符合基金补贴产品要求等情况时，应当在系统中设置子产品出库当日进行退库处理。系统退库时扫描废弃电器电子产品识别条码，确认识别条码信息，记录退库明细、采集、汇总废弃电器电子产品退库情况
6.6 废弃电器电子产品拆解处理 6.6.1 管理要求	宜按班组或生产线，按工位，按同时段记录生产情况。同一时间段内一条生产线只能拆解同一类型、同一规格的废弃电器电子产品，不得混拆 共用生产线的，应当集中拆解同类同规格废弃电器电子产品。更换不同种类或规格的废弃电器电子产品前，应当清空拆解线，将拆解产物计量称重完毕
6.7 拆解产物入库 6.7.1 管理要求	涉及深加工的，应当在加工前进行拆解产物称重入库。如果直接使用拆解产生的物料进行二次加工，不添加其他原料的，且二次加工中不发生物质质量和化学特性等变化的，可以将产成品作为拆解产物入库
6.10 拆解产物出厂 6.10.1 管理要求	危险废物转移联单返回处理企业后，应当危险废物转移单位，处理企业将相关信息录入信息系统，并保留相关票据。处理企业可以要求接收单位提供磅单复印件、接收回执加盖收货章。根据财务单据回执、磅单复印件、接收单位确认收货复印件有效财务单据在系统内确认危险废物转移处置量
7 视频监控设置及要求	本部分规定了处理企业废弃电器电子产品拆解处理视频监控系统设置的基本要求。处理企业相关能达到本部分规范性要求的处理企业，经所在地省级环保部门批准后，应当在2015年3月31日前完成所有改造

章　节	内　容
7.1.1 视频监控设备及其管理	应当具有联网的现场视频监控系统及中控室、备用电源、视频备份保障等保障措施
	厂区所有进出口处、磅秤、处理设备与处理生产线、处理区域、贮存区域、中控室、视频录像保存区域，可能产生污染的区域以及处理设施所在地县级以上环境保护主管部门指定的其他区域，应当设置现场视频监控系统，并确保画面清晰
7.1.2 视频监控点位	厂界内视频监控应当覆盖从废弃电器电子产品入厂到拆解产出厂的全过程，并规范摄像头角度，监控范围
	监控画面应当可清楚辨识数据信息管理系统信息采集内容的生产操作过程
	设置的现场视频监控系统应当能连续录下作业情形，包含录制日期及时间显示，每一监视画面所录下影像连贯。夜间厂区出入口处监控范围应有足够的光源（或增设红外线照摄像器）以供辨识，夜间进行拆解作业时，其处理设备投入口及处理区域的镜头应当有足够的光源以供画面辨识。所有监控设备的设置应当避免人员、设备、建筑物等的遮挡，清楚辨识拆解、处理、信息采集全过程
7.1.3 视频监控画质	关键点位的视频监控应当确保画面清晰。关键点位包括：厂区进出口、货物装卸区、上料口、投料口、关键产品拆解处理工位、计量设备监控点位、包装线区域、贮存区域及进出口、中控室、视频录像保存区、以及数据信息管理系统信息采集点工位
	上料口、投料口、关键产品拆解处理对象的摄像头处理工位的位置不宜超过3米，视频录像帧率应当不少于24帧/秒（fps），以达到清连贯辨识动作，清晰辨识物品的效果；其他关键点位的视频录像帧率应当不少于10帧/秒（fps），以达到清连贯辨识动作；其他非关键点位的视频录像帧率应当不少于1帧/秒（fps）效果；其他非关键数字的效果；其他非关键辨识，清晰辨识贯彻录动作，

章　节	内　容
7.1.4 视频监控储存	视频记录应当保持连贯完整，录像画面的清晰度应当达到640×360以上。不得对原始文件进行拼接、剪辑、编辑。视频记录可以采用硬盘或者其他安全的方式存储。关键点位视频记录保存时间至少为3年，其他点位视频记录保存时间至少为1年
7.2 厂区进出口处	a. 厂区所有进出口均应当设置全景视频监控，能够清楚辨识车辆前后牌、清楚辨识人员及车辆进出厂的过程，画面覆盖每个进出口的全景 b. 贮存区域、处理区域出入口，应当清楚辨识人员、货物进出情况
7.3 计量设备	a. 进出厂磅秤，应当清楚辨识前后车牌及重量显示数据 b. 磅房内部，画面应当覆盖司磅员操作过程，磅房外部未设置重量显示装置的，磅房内部应当清楚辨识称重显示数据 c. 废弃电器电子产品称重磅秤，应当清楚辨识称重货物种类（采用封闭包装的，见包装区域点位要求）和货物称重数据显示在同一监控画面内 d. 拆解产物称重磅秤，应当清楚辨识称重货物种类（采用封闭包装的，见包装区域点位要求）和货物称重数据显示在同一监视画面内
7.4 货物装卸区	a. 废弃电器电子产品卸货区，应当清楚辨识卸货过程、卸货种类（采用封闭包装的，见包装区域点位要求） b. 拆解产物装车区，应当清楚辨识装货过程、关键拆解产物种类（采用封闭包装的，见包装区域视频要求）

章　节	内　容
7.5 包装区域	a. 入厂的废弃电器电子产品采用封闭包装的，应当在拆卸包装的区域设置视频监控点位，并能够清楚辨识拆卸包装后废弃电器电子产品的种类和数量 b. 拆解产物采用封闭包装的，应当在包装区域设置视频监控点位，并能够清楚辨识关键拆解产物的种类
7.6 贮存区域	a. 废弃电器电子产品贮存库、拆解产物贮存库和危险废物贮存库，均应当辨识所贮存物品的整体情况 b. 贮存区域面积较大的，应当设置足够的监控点位，实现对贮存区域的全景覆盖
7.7 拆解、处理区域	a. 废弃电器电子产品拆解、处理区域，应当设置足够的监控点位，实现对拆解、处理区域的全景覆盖，并辨识废弃电器电子产品拆解处理区域的整体情况 b. 不同种类的废弃电器电子产品及拆解产物的处理区域，应当分别设置全景监控点位 c. 整机拆解处理区域，应当全景辨识各类废弃电器电子产品整机拆解处理区域及拆解产出物处理区域的整体运行情况，无遮挡，无死角 d. 待处理区，应当清楚辨识货物流转过程及待处理货物数量、状态 e. 废弃电器电子产品拆解处理线上料端，应当清楚辨识废弃电器电子产品拆解处理线上料数量及废弃电器电子产品的完整性 f. 废弃电器电子产品人工拆解处理线，每个视频监控画面覆盖的工位以 2 个以内为宜，最多不超过 4 个，且应当清楚辨识每个工位工人操作全过程 g. 废弃电器电子产品拆解处理线下料端，应当清楚辨识拆解产物的出料情况

章 节	内 容
	h. CRT 屏锥分离工位，应当清楚辨识工人屏锥分离操作过程及屏锥分离效果，无遮挡、无死角
	i. 荧光粉吸取工位（有的与 CRT 屏锥分离工位相同或紧邻，可使用同一个摄像头），应当清楚辨识工人吸取荧光粉操作全过程及荧光粉吸取的效果，无遮挡、无死角
	j. 制冷剂抽取工位，应当清楚辨识工人的操作全过程
7.7 拆解、处理区域	k. 压缩机打孔和电机破坏工位，应当清楚辨识拆解产物数量及工人的操作全过程和处理效果
	l. 拆解微型计算机主机（含便携式微型计算机）、空调、液晶显示屏背光模组过程，应当清楚辨识工人的操作全过程，视频监控画面连续，至少有 1 个监控画面完整覆盖生产线
	m. 应当清楚辨识其他废弃电器电子产品拆解处理关键环节的操作过程和处理效果
7.8 通道和露天区域	废弃电器电子产品进厂至进出厂磅秤通道；进出厂磅秤至废弃电器电子产品贮存库通道；废弃电器电子产品贮存库至拆解处理区域通道；拆解处理区域至深加工作业的，拆解产物至深加工车间通道；具有拆解产物物流至废弃电器电子产品拆解处理相关的通道和露天区域，均应当能辨识车辆以及厂区内其他通道的通畅情况及货物流转全过程
7.9 深加工区	a. 深加工区应当设置视频监控设备，并与现场视频监控系统联网
	b. 深加工区应当能清楚辨识处理区域的整体运行情况，无遮挡、无死角

章　节	内　容
	b. 处理彩色 CRT 电视机、微型计算机的 CRT 彩色显示器，应当具有能将阴极射线管锥、屏玻璃有效分离的设备或装置，如 CRT 切割机等。具备防止含铅玻璃散落的措施，如带有围堰的作业区域，作业区域地面平整易于收集
	处理 CRT 电视机、微型计算机的 CRT 显示器，应当具有荧光粉收集装置
	处理液晶电视机或微型计算机的液晶显示器，应当具有有光源的拆除装置或设备，如带有抽风系统、尾气净化装置的负压工作台
	c. 处理含消耗臭氧层物质的电冰箱、空调，符合下列设备规定： ——应当具有将制冷系统中的制冷剂和润滑油抽提和分离的专用设备 ——应当具有存放制冷剂的密闭压力钢瓶或装置，具有存放润滑油的专用容器 ——采取粉碎、分选方法处理绝热层时，应当在专用的负压密闭设备中进行，处理后废气排放应当符合《大气污染物综合排放标准》（GB 16297）的控制要求
8.1 拆解处理设备	d. 以整机破碎、分选方法处理含有环戊烷发泡剂类的电冰箱，符合下列设备规定： ——设施宜布置在单层厂房靠外墙区域，在废弃冰箱处理车间内，注意采取防止环戊烷发泡剂积存的措施，并在其周围设立禁止烟火的警示标志。 ——在负压密闭的专用处理设备内进行、专用处理设备设置可燃气体检漏装置，注意采取检测、通风、防爆等相应的安全措施。

章　节	内　容
8.1 拆解处理设备	——回收环戊烷的，处理设施专用的环戊烷回收装置，回收装置应当密闭和负压；不回收环戊烷的，设置大风量稀释装置，采用保护气体，环戊烷稀释后浓度低于爆炸浓度，处理设施的排风管道周边设置可燃气体检漏装置和应急措施；在排放口周围 20 米内不应有明火出现，并设立禁止烟火的警示标志。 ——专用处理设备及环戊烷回收装置周围的电气设计，符合现行国家标准《爆炸和火灾危险环境电力装置设计规范》GB 50058 的有关规定。 ——设置除尘系统，除尘系统与排风系统和报警系统连锁 f. 废弃电路板处理设备应当符合下列规定： ——采用热解法工艺时，处理设备设置废气处理系统。 ——采用化学方法处理废弃电路板时，处理设施设置废气处理系统、废液回收装置和污水处理系统，还应当采用自动化程度高、密闭性良好、具有防化学药液外溢措施的设备；对贮存化学品或其他具有较强腐蚀性液体的设备、贮罐，采取必要的防渗漏、防溢出、防渗漏等安全措施、故障报警装置、紧急事故贮液池等安全措施。
8.3 计量设备	配备与拆解处理相适应的计量设备，符合国家的有关计量法规要求并定期检定。厂内计量设备均应当采用与数据信息管理系统联网的电子计量设备，具有自动打印磅单等功能
8.3.1 计量设备设置	b. 运输车辆计量设备宜设置于厂区进出口处，废弃电器电子产品的进出口处，贮存区域的进出口处。不能设置于进出口处的，应当规范清晰的运输路线 c. 配置专用电表。废弃电器电子产品的每条拆解处理生产线及处理设备，应当具有专用电表；无专用电表的，应当保证处理设备所在车间电表的数据准确

章　节	内　容
8.3.2 设备精度要求	量程10吨（不含10吨）以上的计量设备的最小计量单位应当不大于20千克，量程10吨（含10吨）以下的计量设备的最小计量单位应当不大于1千克
8.3.3 日常维护、校准	a. 应当定期校准、检定称重计量设备，确保设备运转正常 b. 应当定期核对确认计量设备计量时间与现场视频监控系统记录的时间，确保相差不超过3分钟以上
8.6 拆解产物深加工或二次加工设施设备	如处理企业具备与废弃电器电子产品拆解处理相关的深加工或二次加工经营业务，如印刷电路板破碎破碎分选、废塑料制备塑木、压缩机拆解等深加工和废塑料造粒、CRT玻璃清洗处理等二次加工过程，应当针对处理的拆解产物建立生产记录表，并纳入数据信息管理系统
8.6.1 印刷电路板深加工	不得采用无环保措施的简易酸浸工艺提取金、银、钯等贵重金属，不得随意倾倒废酸液和残渣
8.7 样品室	应当设立可供员工培训或对外环保宣传的样品室，用于存放或展示所申请处理的废弃电器电子产品及其拆解产物（包括最终废弃物）样品或者照片
9 拆解处理过程	拆解过程确保按照环保要求管理，如果某一部件在手工或机械处理工艺之中会造成环境或健康安全危害，在进行手工或机械处理设计，应当根据设备设计，在进行手工或机械处理工艺之前将该元器件取出 采用机械设备的，操作规程以及拆解规程以及操作处理要求合理设定设备技术参数
9.1 电视机 9.1.1.1 物料准备	d. 注意事项： —检查主要零部件有无破损、缺失，如：CRT是否完整，外壳、CRT或电路板是否缺失等。否则应当按照非基金业务单独管理

章 节	内 容
9.1.1.2 拆除电源线	d. 注意事项： ——应当于机体侧部根部齐剪切、分离电源线
9.1.1.4 CRT 解除真空	d. 注意事项： ——应当防止粗暴拆解造成 CRT 和管颈管爆裂
9.1.1.5 拆除电路板	d. 注意事项： ——应当保持电路板独立完整、拆除电源线
9.1.1.9 拆除消磁线、接地线、变压器、高频头 等	d. 注意事项： ——应当于机体侧部根部整齐剪切、分离消磁线、接地线
9.1.1.10 拆除管颈管	d. 注意事项： ——应当防止粗暴拆解造成 CRT 和管颈管爆裂 ——管颈管玻璃为含铅玻璃，应当妥善处理处置
9.1.1.13 屏锥分离	d. 注意事项： ——应当在负压环境下操作，控制粉尘无组织排放 ——应当防止锥玻璃混入屏玻璃 ——屏锥分离（包括以屏锥分离方式处理黑白 CRT）时 应当主要依靠分离设备进行。特殊情况下使用分离设备无法完全分离时，可以使用辅助工具进行人工分离，并应当将粘连在屏玻璃上的锥玻璃取下

章　节	内　容
9.1.1.13 屏锥分离	——使用分离设备进行屏锥分离时，合理设置分离设备的电压、电流、分离时间等参数，小心操作，防止屏面、锥体破碎。屏面玻璃破碎（分离成两块及以上）的比例应当控制在20%以内。为了控制破屏率，分离设备的常规工作时间和最短工作时间可参考下表： ——为了进一步避免彩色CRT屏锥分离时屏玻璃中混入含铅玻璃，建议现有设备的分离位置在屏玻璃与锥玻璃结合部向屏玻璃方向适当下移。为方便将屏玻璃与含铅玻璃分离，可在分离位置提前做出划痕。本指南实施后新、改、扩建的CRT切割机设备，应当将分离位置设置于屏玻璃与锥玻璃结合部向屏玻璃方向适当下移的位置 d. 注意事项：
9.1.1.14 收集荧光粉	——应当在负压环境下操作 ——应当完全收集荧光粉
9.1.1.15 其他工艺	使用其他工艺的，如CRT整体破碎法分离含铅玻璃、湿法清洗收集荧光粉、高压吹吸法回收废黑白阴极射线管中荧光粉等，应当具有相应的环保手续。应当能保证分离含铅玻璃、完全收集荧光粉 d. 注意事项：
9.1.2 平板电视机 9.1.2.1 物料准备	——检查主要零部件是否完整、缺失，能否以整机形式搬运。否则应当按照非基金业务单独管理。

章 节	内 容
9.1.2.2 拆除电源线	d. 注意事项: ——应当于机体侧根部整齐剪切、分离电源线
9.1.2.3 拆除底座和后壳	d. 注意事项: ——应当分离所有金属部件,保持基本完整
9.1.2.5 拆除主电路板	d. 注意事项: ——应当保持电路板独立完整,拆除电源线等相关附件
9.1.2.6 拆除高压电路板、控制电路板、背光模组	d. 注意事项: ——应当保持电路板独立完整,拆除电源线等相关附件
9.1.2.7 拆解使用荧光灯管的背光模组	d. 注意事项: ——拆解背光模组应当在负压环境下小心操作,保证背光源完整无损 ——荧光灯管应当放入专用密闭容器里,防止汞蒸气挥发
9.2 电冰箱	
9.2.1 拆除压缩机盖板、检查冰箱主要部件	d. 注意事项: ——对于以消耗臭氧层物质为制冷剂的电冰箱,检查机壳、压缩机是否完整、缺失。否则应当按照非基金业务单独管理
9.2.2 预处理	未拆除密封圈前不得投入破碎机
9.2.3 制冷剂回收	d. 注意事项: ——属于消耗臭氧层物质的制冷剂应当回收
9.2.5 拆解压缩机座、电器元件	d. 注意事项: ——拆解压缩机应当在有防泄漏的工作台上进行

章 节	内 容
9.2.6 箱体破碎分选	采用破碎、分选方法时，不得用手工方式分离保温层泡沫和箱体外壳
9.4.2.1 拆除外壳、检查室外机主要零部件	d. 注意事项： ——对于以消耗臭氧层物质为制冷剂的房间空调器室外机，检查压缩机是否完整，缺失。否则应当按非基金业务单独管理
9.4 房间空调器 9.4.2.6 其他工艺	使用其他工艺的，应当能保证分离压缩机，回收并分类储存压缩机油和其中的制冷剂
9.5 微型计算机 9.5.1.2 拆除电源盒	d. 注意事项： ——电源盒外露的电源线应当齐根剪切
9.5.1.3 拆除光驱、软驱、硬盘	d. 注意事项： ——对光驱、软驱、硬盘自行进行进一步拆解处理的，应当按照二次加工管理，建议根据客户需要采取必要的信息消除措施，如消磁等
9.5.1.6 拆除主板	d. 注意事项： ——主板上的散热器、风扇、CPU、内存条、显卡、声卡等外接组件应当拆除，将连接导线拔出或剪断

附件 1 主要拆解产物清单（规范性附录）

名称	危险特性	场内管理要求	场外处理要求
电冰箱 2 含有消耗臭氧层物质的制冷剂	不属于危险废物，但消耗臭氧层物质有环境风险	制冷剂使用专用容器密封贮存	含有消耗臭氧层物质的制冷剂应当提供或委托给依据《消耗臭氧层物质管理条例》（国务院令第 573 号）经所在地省级环境保护主管部门备案的单位进行回收、再生利用，或委托给持有危险废物经营许可证、具有销毁技术条件的单位销毁
电冰箱 3 异丁烷制冷剂	易燃易爆	贮存使用异丁烷（600a）制冷剂的电冰箱应当注意贮存环境的通风	收集的碳氢类制冷剂 R600a 等应当在具有强制排风的环境下稀释释放空
房间空调器 2 制冷剂	不属于危险废物，但主要是氟利昂类 R22、R410a，是消耗臭氧层物质，有环境风险	制冷剂使用专用容器密封贮存	氟利昂类制冷剂应委托给所在地省级环境保护主管部门备案的单位进行回收、再生利用，或委托给持有危险废物经营许可证、具有销毁技术条件的单位销毁

名称	危险特性	场内管理要求	场外处理要求
微型计算机 5 电源、光驱、软驱、硬盘等电子废物类拆解部件	属于电子废物，不属于危险废物，但含有电路板等危险废物成分，有环境风险	硬盘等信息存储介质建议根据客户要求进行信息消除或破坏处理，涉及信息泄露；防止信息泄露，密设备应当按照保密管理相关规定处理	委托给具有相应拆解处理能力的废弃电器电子产品处理企业或者电子废物拆解处理单位，名录内企业进行进一步拆解处理，不能利用的进行填埋或焚烧

注：

1. 各表中所指场外处理要求是指处理企业对相关拆解产物不能自行利用处置时，需要交由其他单位利用处置的要求。处理企业自行利用处置的，应当符合相应的环境保护要求。

2. 属于危险废物的拆解产物，其场外委托综合利用或处置单位必须具有相应类别危险废物经营许可证。不属于危险废物的拆解产物，其场外处理要求为"委托具有相应处理能力的单位进行处理"的，处理企业在确定委托处理单位时，应当与所委托的处理单位明确相应的处理技术方案，包括处理方法、工艺设施、污染控制措施、处理效果等内容。

第二部分

综合性政策法规

废弃电器电子产品回收处理管理条例

中华人民共和国国务院令 第 551 号

《废弃电器电子产品回收处理管理条例》已经 2008 年 8 月 20 日国务院第 23 次常务会议通过，现予公布，自 2011 年 1 月 1 日起施行。

总　理　温家宝

二〇〇九年二月二十五日

废弃电器电子产品回收处理管理条例

第一章 总 则

第一条 为了规范废弃电器电子产品的回收处理活动，促进资源综合利用和循环经济发展，保护环境，保障人体健康，根据《中华人民共和国清洁生产促进法》和《中华人民共和国固体废物污染环境防治法》的有关规定，制定本条例。

第二条 本条例所称废弃电器电子产品的处理活动，是指将废弃电器电子产品进行拆解，从中提取物质作为原材料或者燃料，用改变废弃电器电子产品物理、化学特性的方法减少已产生的废弃电器电子产品数量，减少或者消除其危害成分，以及将其最终置于符合环境保护要求的填埋场的活动，不包括产品维修、翻新以及经维修、翻新后作为旧货再使用的活动。

第三条 列入《废弃电器电子产品处理目录》（以下简称《目录》）的废弃电器电子产品的回收处理及相关活动，适用本条例。

国务院资源综合利用主管部门会同国务院环境保护、工业信息产业等主管部门制订和调整《目录》，报国务院批准后实施。

第四条 国务院环境保护主管部门会同国务院资源综合利用、工业信息产业主管部门负责组织拟订废弃电器电子产品回收处理的政策措施并协调实施，负责废弃电器电子产品处理的监督管理工作。

国务院商务主管部门负责废弃电器电子产品回收的管理工作。国务院财政、工商、质量监督、税务、海关等主管部门在各自职责范围内负责相关管理工作。

第五条　国家对废弃电器电子产品实行多渠道回收和集中处理制度。

第六条　国家对废弃电器电子产品处理实行资格许可制度。设区的市级人民政府环境保护主管部门审批废弃电器电子产品处理企业（以下简称处理企业）资格。

第七条　国家建立废弃电器电子产品处理基金，用于废弃电器电子产品回收处理费用的补贴。电器电子产品生产者、进口电器电子产品的收货人或者其代理人应当按照规定履行废弃电器电子产品处理基金的缴纳义务。

废弃电器电子产品处理基金应当纳入预算管理，其征收、使用、管理的具体办法由国务院财政部门会同国务院环境保护、资源综合利用、工业信息产业主管部门制订，报国务院批准后施行。

制订废弃电器电子产品处理基金的征收标准和补贴标准，应当充分听取电器电子产品生产企业、处理企业、有关行业协会及专家的意见。

第八条　国家鼓励和支持废弃电器电子产品处理的科学研究、技术开发、相关技术标准的研究以及新技术、新工艺、新设备的示范、推广和应用。

第九条　属于国家禁止进口的废弃电器电子产品，不得进口。

第二章　相关方责任

第十条　电器电子产品生产者、进口电器电子产品的收货人或者其代理人生产、进口的电器电子产品应当符合国家有关电器电子产品污染控制的规定，采用有利于资源综合利用和无害化处理的设计方案，使用无毒无害或者低毒低害以及便于回收利用的材料。

电器电子产品上或者产品说明书中应当按照规定提供有关有毒有害物质含量、回收处理提示性说明等信息。

第十一条　国家鼓励电器电子产品生产者自行或者委托销售者、维修机构、售后服务机构、废弃电器电子产品回收经营者回收废弃电器电子产品。电器电子产品销售者、维修机构、售后服务机构应当在其营业场所显著位置标注废弃电器电子产品回收处理提示性信息。

回收的废弃电器电子产品应当由有废弃电器电子产品处理资格的处理企业处理。

第十二条　废弃电器电子产品回收经营者应当采取多种方式为电器电子产品使用者提供方便、快捷的回收服务。

废弃电器电子产品回收经营者对回收的废弃电器电子产品进行处理，应当依照本条例规定取得废弃电器电子产品处理资格；未取得处理资格的，应当将回收的废弃电器电子产品交有废弃电器电子产品处理资格的处理企业处理。

回收的电器电子产品经过修复后销售的，必须符合保障人体健康和人身、财产安全等国家技术规范的强制性要求，并在显著位置标识为旧货。具体管理办法由国务院商务主管部门制定。

第十三条　机关、团体、企事业单位将废弃电器电子产品交有废弃电器电子产品处理资格的处理企业处理的，依照国家有关规定办理资产核销手续。

处理涉及国家秘密的废弃电器电子产品，依照国家保密规定办理。

第十四条　国家鼓励处理企业与相关电器电子产品生产者、销售者以及废弃电器电子产品回收经营者等建立长期合作关系，回收处理废弃电器电子产品。

第十五条　处理废弃电器电子产品，应当符合国家有关资源综合利用、环境保护、劳动安全和保障人体健康的要求。

禁止采用国家明令淘汰的技术和工艺处理废弃电器电子产品。

第十六条　处理企业应当建立废弃电器电子产品处理的日常环境监测制度。

第十七条　处理企业应当建立废弃电器电子产品的数据信息管理系统，向所在地的设区的市级人民政府环境保护主管部门报送废弃电器电子产品处理的基本数据和有关情况。废弃电器电子产品处理的基本数据的保存期限不得少于 3 年。

第十八条　处理企业处理废弃电器电子产品，依照国家有关规定享受税收优惠。

第十九条　回收、储存、运输、处理废弃电器电子产品的单位和个人，应当遵守国家有关环境保护和环境卫生管理的规定。

第三章　监督管理

第二十条　国务院资源综合利用、质量监督、环境保护、工业信息产业等主管部门，依照规定的职责制定废弃电器电子产品处理的相关政策和技术规范。

第二十一条　省级人民政府环境保护主管部门会同同级资源综合利用、商务、工业信息产业主管部门编制本地区废弃电器电子产品处理发展规划，报国务院环境保护主管部门备案。

地方人民政府应当将废弃电器电子产品回收处理基础设施建设纳入城乡规划。

第二十二条　取得废弃电器电子产品处理资格，依照《中华人民共和国公司登记管理条例》等规定办理登记并在其经营范围中注明废弃电器电子产品处理的企业，方可从事废弃电器电子产品处理活动。

除本条例第三十四条规定外，禁止未取得废弃电器电子产品处理资格的单位和个人处理废弃电器电子产品。

第二十三条　申请废弃电器电子产品处理资格，应当具备下列条件：

（一）具备完善的废弃电器电子产品处理设施；

（二）具有对不能完全处理的废弃电器电子产品的妥善利用或

者处置方案；

（三）具有与所处理的废弃电器电子产品相适应的分拣、包装以及其他设备；

（四）具有相关安全、质量和环境保护的专业技术人员。

第二十四条 申请废弃电器电子产品处理资格，应当向所在地的设区的市级人民政府环境保护主管部门提交书面申请，并提供相关证明材料。受理申请的环境保护主管部门应当自收到完整的申请材料之日起 60 日内完成审查，作出准予许可或者不予许可的决定。

第二十五条 县级以上地方人民政府环境保护主管部门应当通过书面核查和实地检查等方式，加强对废弃电器电子产品处理活动的监督检查。

第二十六条 任何单位和个人都有权对违反本条例规定的行为向有关部门检举。有关部门应当为检举人保密，并依法及时处理。

第四章　法律责任

第二十七条 违反本条例规定，电器电子产品生产者、进口电器电子产品的收货人或者其代理人生产、进口的电器电子产品上或者产品说明书中未按照规定提供有关有毒有害物质含量、回收处理提示性说明等信息的，由县级以上地方人民政府产品质量监督部门责令限期改正，处 5 万元以下的罚款。

第二十八条 违反本条例规定，未取得废弃电器电子产品处理资格擅自从事废弃电器电子产品处理活动的，由工商行政管理机关依照《无照经营查处取缔办法》的规定予以处罚。

环境保护主管部门查出的，由县级以上人民政府环境保护主管部门责令停业、关闭，没收违法所得，并处 5 万元以上 50 万元以下的罚款。

第二十九条　违反本条例规定，采用国家明令淘汰的技术和工艺处理废弃电器电子产品的，由县级以上人民政府环境保护主管部门责令限期改正；情节严重的，由设区的市级人民政府环境保护主管部门依法暂停直至撤销其废弃电器电子产品处理资格。

第三十条　处理废弃电器电子产品造成环境污染的，由县级以上人民政府环境保护主管部门按照固体废物污染环境防治的有关规定予以处罚。

第三十一条　违反本条例规定，处理企业未建立废弃电器电子产品的数据信息管理系统，未按规定报送基本数据和有关情况或者报送基本数据、有关情况不真实，或者未按规定期限保存基本数据的，由所在地的设区的市级人民政府环境保护主管部门责令限期改正，可以处 5 万元以下的罚款。

第三十二条　违反本条例规定，处理企业未建立日常环境监测制度或者未开展日常环境监测的，由县级以上人民政府环境保护主管部门责令限期改正，可以处 5 万元以下的罚款。

第三十三条　违反本条例规定，有关行政主管部门的工作人员滥用职权、玩忽职守、徇私舞弊，构成犯罪的，依法追究刑事责任；

尚不构成犯罪的，依法给予处分。

第五章　附　则

第三十四条　经省级人民政府批准，可以设立废弃电器电子产品集中处理场。废弃电器电子产品集中处理场应当具有完善的污染物集中处理设施，确保符合国家或者地方制定的污染物排放标准和固体废物污染环境防治技术标准，并应当遵守本条例的有关规定。

废弃电器电子产品集中处理场应当符合国家和当地工业区设置规划，与当地土地利用规划和城乡规划相协调，并应当加快实现产业升级。

第三十五条　本条例自 2011 年 1 月 1 日起施行。

关于加强电子废物污染防治工作的意见

环发〔2012〕157号

各省、自治区、直辖市环境保护、发展改革、工业和信息化、财政、商务、工商、质检主管部门，海关总署广东分署，各直属海关，各省、自治区、直辖市、计划单列市国家税务局、地方税务局，新疆生产建设兵团环境保护局：

近年来，随着经济社会发展，我国电子废物产生量越来越大，污染日趋显现，特别是在一些电子废物集中处置区域，造成了严重污染，在国内外产生了不良影响。为切实加大电子废物污染防治工作力度，保护生态环境，保障人民身体健康，现提出以下意见：

一、指导思想、原则和目标

（一）指导思想。贯彻落实科学发展观，把电子废物污染防治作为维护群众利益的重要工作和环境保护的重要内容，加强在电器电子产品生产和废弃后回收处理的全过程控制和管理，完善法规制度，强化监督，综合运用法律、行政、经济和技术等手段，不断提高电子废物污染防治水平。

（二）基本原则。坚持全面推进和重点突破相结合，遏制电子废物污染蔓延的趋势；坚持强化执法监督和政策激励相结合，促进电子废物无害化集中处理；坚持政府引导和全民参与相结合，形成电子废物污染全防全控工作机制。

（三）工作目标。到 2015 年，建立比较完善的电子废物污染防治体系和长效机制；废弃电器电子产品年规范化回收处理量超过 5000 万台；废弃印刷电路板等电子类危险废物无害化处理量和处理率显著提高；形成一批电子废物规范化处理企业；推广一批电子废物处理先进适用技术及装备；彻底扭转典型电子废物集中处置区域长期污染的局面。

二、重点任务

（四）加强生产环节污染控制。发展改革、环境保护、工业和信息化等有关部门要依据各自职能将使用有毒、有害原料生产电器电子产品及其元器件的企业，纳入实施清洁生产审核的重点企业名单，依法实施强制性清洁生产审核；对未实施清洁生产审核以及未按期通过评估验收的，要实行挂牌督办。

鼓励电器电子产品生产者、进口电器电子产品的收货人或者其代理人生产、进口的电器电子产品采用有利于资源综合利用和无害化处理的设计方案，使用无毒无害或者低毒低害以及便于回收利用的材料。

（五）加强工业源电子废物流向监管。各级环保部门要将电器电子产品、电子电气设备、印刷电路板等生产企业纳入重点监管源名单，加强日常监管，督促企业依据《电子废物污染环境防治管理办法》建立电子废物（包括废弃的电器电子产品、电子电气设备及其废弃零部件、元器件）台账，如实记录所产生电子废物的种类、重量或者数量、自行或者委托第三方贮存、拆解、利用、处置情况等；监督企业将废弃印刷电路板等电子类危险废物，提供或委托有相应处理能力的持危险废物经营许可证的单位处理；将列入《废弃电器电子产品处理目录》的电子废物，提供或委托有相应处理资格的单位处理；将其他电子废物，提供或委托给《电子废物拆解利用处置单位（包括个体工商户）名录》内的单位处理。

（六）加大规范化回收力度。商务部充分发挥废旧商品回收体系建设部际联席会议制度作用，牵头建立完整先进的废旧商品回收体系，进一步整合和规范电子废物回收渠道。鼓励零售企业发挥网络优势，开展电子废物回收；发挥专业回收公司作用，完善基层回收网络，培育龙头企业。鼓励处理企业与相关电器电子产品生产者、销售者以及废弃电器电子产品回收经营者等建立长期合作关系，回收处理废弃电器电子产品。机关、团体、企事业单位应当将废弃电器电子产品交有废弃电器电子产品处理资格的企业处理，并优先交售国家城市矿产示范基地内有资格企业。

（七）强化电子废物处理处置监管。各级环保部门要会同工业和信息化等部门以印刷电路板制造业和电子废物处理企业为重点，组织开展专项检查，重点检查印刷电路板等电子类危险废物的处理处置和流向情况；要督促电子废物处理企业严格遵守相关法律法规和标准规范，确保处理过程不产生二次污染，确保产生的电子类危险废物得到无害化利用处置；对非法处理电子废物的企业和个人，要依法予以严厉处罚。环保、工商行政管理等部门要开展联合执法行动，在各自的职责范围内对无证处理废弃电器电子产品的活动进行查处和取缔。

（八）突出重点地区污染治理。环境保护部会同有关部门，以广东省汕头市、清远市及周边地区为重点，加强对地方政府指导和监督，督促地方政府制定并落实电子废物污染综合整治方案，明确工作目标、时限、任务、措施以及责任分工，确保于 2015 年年底前彻底扭转长期以来电子废物污染严重的局面；限期不能完成整治任务的，各级环保部门要暂停该地区除节能减排、民生保障项目外的建设项目环境影响评价文件的审批。重点地区地方政府要加大扶持力度，引导相关企业集聚发展，支持相关回收利用企业向国家城市矿产示范基地集聚和集中，实行园区化管理，集中统一治理污染；要制订计划，逐步开展被非法电子废物处置活动污染的水体和土壤的治理修复工作。重点地区地方环保、公安、工商等部门要在当地政府的统一领导下，会同海关等部门，建立联合执法机制，采取有效措施，彻底切断电子废物的非法来源；要开展专项行动，坚决取缔焚烧、酸浴等污染严重的电子废物处理处置方式；到 2015 年，对没有进行工商、税务登记，不符合环保要求的电子废物拆解作坊，依法责令关闭。省级环保部门要组织对重点地区环境状况进行跟踪监测，定期评估治理成效。

（九）推动电子废物处理产业健康发展。各省级环保部门要会同发展改革、工业和信息化、商务等主管部门制定并不断完善废弃电器电子产品处理发展规划，统筹规划，合理布局，鼓励分工合作，开展精深加工，形成合理的电子废物处理产业链。设区的市级环保部门要依据国家有关废弃电器电子产品处理资格许可管理办法和指南等规定从严审批废弃电器电子产品处理企业资质。财政部、环境保护部要会同有关部门通过基金补贴，引导和促进拆解处理产业向规范化、集中化、产业化方向发展，既保证各地区有足够的拆解处理能力，又避免拆解处理能力总量过剩和结构性过剩；要组织建立废弃电器电子产品处理基金补贴企业综合评估和退出机制，对缺乏诚信、管理混乱、不符合环保要求的企业要予以淘汰，逐步提高处理行业整体水平。

（十）研发推广先进适用技术及装备。发挥我国劳动力资源丰富的优势，发展适合我国国情的电子废物处理技术和装备。对手工拆解劳动强度大、存在健康和安全风险，以及手工拆解难以实现资源化利用的，鼓励采用工业化设施和设备进行处理。发展改革委、工业和信息化部、环境保护部等部门要根据各自职责，完善政策措施，加大对循环经济先进技术、工艺和设备的推广力度，支持研发废印刷电路板、含贵重金属元器件以及阴极射线管含铅玻璃等无害化资源化深度处理技术。

（十一）加大预防和打击电子废物非法走私力度。环境保护部会同海关总署、质检总局等有关部门，落实和完善固体废物进口管理和执法信息共享机制，加大联合执法力度。深化与欧盟、日本、香港等国家和地区合作，加强情报交换，严厉打击电子废物非法越境转移，建立和完善非法走私废物的退运机制。推动越南相关主管部门建立反走私合作，禁止以任何形式向我国出口电子废物，遏制中越边界电子废物走私猖獗的趋势。

三、保障措施

（十二）完善法律法规。环境保护部牵头深入贯彻落实《废弃电器电子产品回收处理管理条例》，及时总结实践经验，研究修订《固体废物污染环境防治法》，完善电子废物全过程管理的法律制度。发展改革委会同环境保护部、工业和信息化部、财政部等部门，研究建立相关数据库，完善《废弃电器电子产品处理目录》评估筛选工作，适时启动第二批目录制订工作，推进电器电子产品生产者（包括进口者）履行回收处理废弃电器电子产品的责任。工业和信息化部要牵头继续推进《电子信息产品污染控制管理办法》的修订工作，从源头控制电子电气产品中的有害物质的使用。

（十三）充分发挥基金激励作用。财政部会同环境保护部、发展改革委、工业和信息化部等部门全面落实并不断完善废弃电器电子产品处理企业基金征收和补贴制度，调动生产者、回收经营者和处理企业等各方面参与废弃电器电子产品回收处理的积极性，促进废弃电器电子产品有效回收与无害化拆解处理。

（十四）加强宣传教育。通过广播、电视、网络等媒体加强宣传教育，宣传电子废物污染防治的知识。电器电子产品销售者、维修机构、售后服务机构应当在其营业场所显著位置标注废弃电器电子产品回收处理提示性信息，引导广大消费者将废弃电器电子产品交由规范的单位回收处理。设区的市级以上地方环保部门应当在门户网站上公开对本地区各废弃电器电子产品处理企业的审核情况，接受公众监督。对主动承担废弃电器电子产品回收处理责任的生产企业，要予以宣传表彰。

（十五）建立协调机制。各级环境保护主管部门要充分发挥牵头作用，切实履行电子废物污染防治的组织协调、监督管理的职责，发改、工信、财政、商务、海关、税务、工商、质检等各有关部门要按照各自职责，密切配合，建立电子废物污染防治协调机制，及时解决相关重大问题，促进电子废物污染防治工作。

环境保护部　发展改革委

工业和信息化部　财政部

商务部　海关总署

税务总局　工商总局

质检总局

2012 年 12 月 31 日

国家环境保护总局令

第 40 号

《电子废物污染环境防治管理办法》于 2007 年 9 月 7 日经国家环境保护总局 2007 年第三次局务会议通过。现予公布，自 2008 年 2 月 1 日起施行。

国家环境保护总局局长
二〇〇七年九月二十七日

电子废物污染环境防治管理办法

第一章 总 则

第一条 为了防治电子废物污染环境，加强对电子废物的环境管理，根据《固体废物污染环境防治法》，制定本办法。

第二条 本办法适用于中华人民共和国境内拆解、利用、处置电子废物污染环境的防治。

产生、贮存电子废物污染环境的防治，也适用本办法；有关法律、行政法规另有规定的，从其规定。

电子类危险废物相关活动污染环境的防治，适用《固体废物污染环境防治法》有关危险废物管理的规定。

第三条 国家环境保护总局对全国电子废物污染环境防治工作实施监督管理。

县级以上地方人民政府环境保护行政主管部门对本行政区域内电子废物污染环境防治工作实施监督管理。

第四条 任何单位和个人都有保护环境的义务，并有权对造成电子废物污染环境的单位和个人进行控告和检举。

第二章　拆解利用处置的监督管理

第五条　新建、改建、扩建拆解、利用、处置电子废物的项目，建设单位（包括个体工商户）应当依据国家有关规定，向所在地设区的市级以上地方人民政府环境保护行政主管部门报批环境影响报告书或者环境影响报告表（以下统称环境影响评价文件）。

前款规定的环境影响评价文件，应当包括下列内容：

（一）建设项目概况；

（二）建设项目是否纳入地方电子废物拆解利用处置设施建设规划；

（三）选择的技术和工艺路线是否符合国家产业政策和电子废物拆解利用处置环境保护技术规范和管理要求，是否与所拆解利用处置的电子废物类别相适应；

（四）建设项目对环境可能造成影响的分析和预测；

（五）环境保护措施及其经济、技术论证；

（六）对建设项目实施环境监测的方案；

（七）对本项目不能完全拆解、利用或者处置的电子废物以及其他固体废物或者液态废物的妥善利用或者处置方案；

（八）环境影响评价结论。

第六条　建设项目竣工后，建设单位（包括个体工商户）应当向审批该建设项目环境影响评价文件的环境保护行政主管部门申请该建设项目需要采取的环境保护措施验收。

前款规定的环境保护措施验收，应当包括下列内容：

（一）配套建设的环境保护设施是否竣工；

（二）是否配备具有相关专业资质的技术人员，建立管理人员和操作人员培训制度和计划；

（三）是否建立电子废物经营情况记录簿制度；

（四）是否建立日常环境监测制度；

（五）是否落实不能完全拆解、利用或者处置的电子废物以及其他固体废物或者液态废物的妥善利用或者处置方案；

（六）是否具有与所处理的电子废物相适应的分类、包装、车辆以及其他收集设备；

（七）是否建立防范因火灾、爆炸、化学品泄漏等引发的突发环境污染事件的应急机制。

第七条　负责审批环境影响评价文件的县级以上人民政府环境保护行政主管部门应当及时将具备下列条件的单位（包括个体工商户），列入电子废物拆解利用处置单位（包括个体工商户）临时名录，并予以公布：

（一）已依法办理工商登记手续，取得营业执照；

（二）建设项目的环境保护措施经环境保护行政主管部门验收合格。

负责审批环境影响评价文件的县级以上人民政府环境保护行政主管部门，对近三年内没有两次以上（含两次）违反环境保护法律、法规和没有本办法规定的下列违法行为的列入临时名录的单位（包

括个体工商户),列入电子废物拆解利用处置单位(包括个体工商户)名录,予以公布并定期调整:

(一)超过国家或者地方规定的污染物排放标准排放污染物的;

(二)随意倾倒、堆放所产生的固体废物或液态废物的;

(三)将未完全拆解、利用或者处置的电子废物提供或者委托给列入名录且具有相应经营范围的拆解利用处置单位(包括个体工商户)以外的单位或者个人从事拆解、利用、处置活动的;

(四)环境监测数据、经营情况记录弄虚作假的。

近三年内有两次以上(含两次)违反环境保护法律、法规和本办法规定的本条第二款所列违法行为记录的,其单位法定代表人或者个体工商户经营者新设拆解、利用、处置电子废物的经营企业或者个体工商户的,不得列入名录。

名录(包括临时名录)应当载明单位(包括个体工商户)名称、单位法定代表人或者个体工商户经营者、住所、经营范围。

禁止任何个人和未列入名录(包括临时名录)的单位(包括个体工商户)从事拆解、利用、处置电子废物的活动。

第八条 建设电子废物集中拆解利用处置区的,应当严格规划,符合国家环境保护总局制定的有关技术规范的要求。

第九条 从事拆解、利用、处置电子废物活动的单位(包括个体工商户)应当按照环境保护措施验收的要求对污染物排放进行日常定期监测。

从事拆解、利用、处置电子废物活动的单位(包括个体工商户)

应当按照电子废物经营情况记录簿制度的规定，如实记载每批电子废物的来源、类型、重量或者数量、收集（接收）、拆解、利用、贮存、处置的时间；运输者的名称和地址；未完全拆解、利用或者处置的电子废物以及固体废物或液态废物的种类、重量或者数量及去向等。

监测报告及经营情况记录簿应当保存三年。

第十条　从事拆解、利用、处置电子废物活动的单位（包括个体工商户），应当按照经验收合格的培训制度和计划进行培训。

第十一条　拆解、利用和处置电子废物，应当符合国家环境保护总局制定的有关电子废物污染防治的相关标准、技术规范和技术政策的要求。

禁止使用落后的技术、工艺和设备拆解、利用和处置电子废物。

禁止露天焚烧电子废物。

禁止使用冲天炉、简易反射炉等设备和简易酸浸工艺利用、处置电子废物。

禁止以直接填埋的方式处置电子废物。

拆解、利用、处置电子废物应当在专门作业场所进行。作业场所应当采取防雨、防地面渗漏的措施，并有收集泄漏液体的设施。拆解电子废物，应当首先将铅酸电池、镉镍电池、汞开关、阴极射线管、多氯联苯电容器、制冷剂等去除并分类收集、贮存、利用、处置。

贮存电子废物，应当采取防止因破碎或者其他原因导致电子废物中有毒有害物质泄漏的措施。破碎的阴极射线管应当贮存在有盖的容器内。电子废物贮存期限不得超过一年。

第十二条　县级以上人民政府环境保护行政主管部门有权要求拆解、利用、处置电子废物的单位定期报告电子废物经营活动情况。

县级以上人民政府环境保护行政主管部门应当通过书面核查和实地检查等方式进行监督检查，并将监督检查情况和处理结果予以记录，由监督检查人员签字后归档。监督抽查和监测一年不得少于一次。

县级以上人民政府环境保护行政主管部门发现有不符合环境保护措施验收合格时条件、情节轻微的，可以责令限期整改；经及时整改并未造成危害后果的，可以不予处罚。

第十三条　本办法施行前已经从事拆解、利用、处置电子废物活动的单位（包括个体工商户），具备下列条件的，可以自本办法施行之日起 120 日内，按照本办法的规定，向所在地设区的市级以上地方人民政府环境保护行政主管部门申请核准列入临时名录，并提供下列相关证明文件：

（一）已依法办理工商登记手续，取得营业执照；

（二）环境保护设施已经环境保护行政主管部门竣工验收合格；

（三）已经符合或者经过整改符合本办法规定的环境保护措施验收条件，能够达到电子废物拆解利用处置环境保护技术规范和管理要求；

（四）污染物排放及所产生固体废物或者液态废物的利用或者

处置符合环境保护设施竣工验收时的要求。

设区的市级以上地方人民政府环境保护行政主管部门应当自受理申请之日起20个工作日内,对申请单位提交的证明材料进行审查,并对申请单位的经营设施进行现场核查,符合条件的,列入临时名录,并予以公告;不符合条件的,书面通知申请单位并说明理由。

列入临时名录经营期限满三年,并符合本办法第七条第二款所列条件的,列入名录。

第三章 相关方责任

第十四条 电子电器产品、电子电气设备的生产者应当依据国家有关法律、行政法规或者规章的规定,限制或者淘汰有毒有害物质在产品或者设备中的使用。

电子电器产品、电子电气设备的生产者、进口者和销售者,应当依据国家有关规定公开产品或者设备所含铅、汞、镉、六价铬、多溴联苯(PBB)、多溴二苯醚(PBDE)等有毒有害物质,以及不当利用或者处置可能对环境和人类健康影响的信息,产品或者设备废弃后以环境无害化方式利用或者处置的方法提示。

电子电器产品、电子电气设备的生产者、进口者和销售者,应当依据国家有关规定建立回收系统,回收废弃产品或者设备,并负责以环境无害化方式贮存、利用或者处置。

第十五条 有下列情形之一的,应当将电子废物提供或者委托给列入名录（包括临时名录）的具有相应经营范围的拆解利用处置单位（包括个体工商户）进行拆解、利用或者处置：

（一）产生工业电子废物的单位，未自行以环境无害化方式拆解、利用或者处置的；

（二）电子电器产品、电子电气设备生产者、销售者、进口者、使用者、翻新或者维修者、再制造者，废弃电子电器产品、电子电气设备的；

（三）拆解利用处置单位（包括个体工商户），不能完全拆解、利用或者处置电子废物的；

（四）有关行政主管部门在行政管理活动中，依法收缴的非法生产或者进口的电子电器产品、电子电气设备需要拆解、利用或者处置的。

第十六条 产生工业电子废物的单位，应当记录所产生工业电子废物的种类、重量或者数量、自行或者委托第三方贮存、拆解、利用、处置情况等；并依法向所在地县级以上地方人民政府环境保护行政主管部门提供电子废物的种类、产生量、流向、拆解、利用、贮存、处置等有关资料。

记录资料应当保存三年。

第十七条 以整机形式转移含铅酸电池、镉镍电池、汞开关、阴极射线管和多氯联苯电容器的废弃电子电器产品或者电子电气设备等电子类危险废物的，适用《固体废物污染环境防治法》第二十三条的规定。

转移过程中应当采取防止废弃电子电器产品或者电子电气设备破碎的措施。

第四章　罚　则

第十八条　县级以上人民政府环境保护行政主管部门违反本办法规定，不依法履行监督管理职责的，由本级人民政府或者上级环境保护行政主管部门依法责令改正；对负有责任的主管人员和其他直接责任人员，依据国家有关规定给予行政处分；构成犯罪的，依法追究刑事责任。

第十九条　违反本办法规定，拒绝现场检查的，由县级以上人民政府环境保护行政主管部门依据《固体废物污染环境防治法》责令限期改正；拒不改正或者在检查时弄虚作假的，处 2000 元以上 2 万元以下的罚款；情节严重，但尚构不成刑事处罚的，并由公安机关依据《治安管理处罚法》处 5 日以上 10 日以下拘留；构成犯罪的，依法追究刑事责任。

第二十条　违反本办法规定，任何个人或者未列入名录（包括临时名录）的单位（包括个体工商户）从事拆解、利用、处置电子废物活动的，按照下列规定予以处罚：

（一）未获得环境保护措施验收合格的，由审批该建设项目环境影响评价文件的人民政府环境保护行政主管部门依据《建设项目环境保护管理条例》责令停止拆解、利用、处置电子废物活动，可以处 10 万元以下罚款；

（二）未取得营业执照的，由工商行政管理部门依据《无照经营查处取缔办法》依法予以取缔，没收专门用于从事无照经营的工具、设备、原材料、产品等财物，并处 5 万元以上 50 万元以下的罚款。

第二十一条　违反本办法规定，有下列行为之一的，由所在地县级以上人民政府环境保护行政主管部门责令限期整改，并处 3 万元以下罚款：

（一）将未完全拆解、利用或者处置的电子废物提供或者委托给列入名录（包括临时名录）且具有相应经营范围的拆解利用处置单位（包括个体工商户）以外的单位或者个人从事拆解、利用、处置活动的；

（二）拆解、利用和处置电子废物不符合有关电子废物污染防治的相关标准、技术规范和技术政策的要求，或者违反本办法规定的禁止性技术、工艺、设备要求的；

（三）贮存、拆解、利用、处置电子废物的作业场所不符合要求的；

（四）未按规定记录经营情况、日常环境监测数据、所产生工业电子废物的有关情况等，或者环境监测数据、经营情况记录弄虚作假的；

（五）未按培训制度和计划进行培训的；

（六）贮存电子废物超过一年的。

第二十二条 列入名录（包括临时名录）的单位（包括个体工商户）违反《固体废物污染环境防治法》等有关法律、行政法规规定，有下列行为之一的，依据有关法律、行政法规予以处罚：

（一）擅自关闭、闲置或者拆除污染防治设施、场所的；

（二）未采取无害化处置措施，随意倾倒、堆放所产生的固体废物或液态废物的；

（三）造成固体废物或液态废物扬散、流失、渗漏或者其他环境污染等环境违法行为的；

（四）不正常使用污染防治设施的。

有前款第一项、第二项、第三项行为的，分别依据《固体废物污染环境防治法》第六十八条规定，处以 1 万元以上 10 万元以下罚款；有前款第四项行为的，依据《水污染防治法》、《大气污染防治法》有关规定予以处罚。

第二十三条 列入名录（包括临时名录）的单位（包括个体工商户）违反《固体废物污染环境防治法》等有关法律、行政法规规定，有造成固体废物或液态废物严重污染环境的下列情形之一的，由所在地县级以上人民政府环境保护行政主管部门依据《固体废物污染环境防治法》和《国务院关于落实科学发展观　加强环境保护的决定》的规定，责令限其在三个月内进行治理，限产限排，并不得建设增加污染物排放总量的项目；逾期未完成治理任务的，责令其在三个月内停产整治；逾期仍未完成治理任务的，报经本级人民政府批准关闭：

（一）危害生活饮用水水源的；

（二）造成地下水或者土壤重金属环境污染的；

（三）因危险废物扬散、流失、渗漏造成环境污染的；

（四）造成环境功能丧失无法恢复环境原状的；

（五）其他造成固体废物或者液态废物严重污染环境的情形。

第二十四条　县级以上人民政府环境保护行政主管部门发现有违反本办法的行为，依据有关法律、法规和本办法的规定应当由工商行政管理部门或者公安机关行使行政处罚权的，应当及时移送有关主管部门依法予以处罚。

第五章　附　则

第二十五条　本办法中下列用语的含义：

（一）电子废物，是指废弃的电子电器产品、电子电气设备（以下简称产品或者设备）及其废弃零部件、元器件和国家环境保护总局会同有关部门规定纳入电子废物管理的物品、物质。包括工业生产活动中产生的报废产品或者设备、报废的半成品和下脚料，产品或者设备维修、翻新、再制造过程产生的报废品，日常生活或者为日常生活提供服务的活动中废弃的产品或者设备，以及法律法规禁止生产或者进口的产品或者设备。

（二）工业电子废物，是指在工业生产活动中产生的电子废物，包括维修、翻新和再制造工业单位以及拆解利用处置电子废物的单位（包括个体工商户），在生产活动及相关活动中产生的电子废物。

（三）电子类危险废物，是指列入国家危险废物名录或者根据国家规定的危险废物鉴别标准和鉴别方法认定的具有危险特性的电子废物。包括含铅酸电池、镉镍电池、汞开关、阴极射线管和多氯联苯电容器等的产品或者设备等。

（四）拆解，是指以利用、贮存或者处置为目的，通过人工或者机械的方式将电子废物进行拆卸、解体活动；不包括产品或者设备维修、翻新、再制造过程中的拆卸活动。

（五）利用，是指从电子废物中提取物质作为原材料或者燃料的活动，不包括对产品或者设备的维修、翻新和再制造。

第二十六条 本办法自 2008 年 2 月 1 日起施行。

第三部分

处 理 目 录

中华人民共和国国家发展和改革委员会
中华人民共和国环境保护部
中华人民共和国工业和信息化部

公 告

2010年 第24号

《废弃电器电子产品处理目录（第一批）》和《制订和调整废弃电器电子产品处理目录的若干规定》，已经国务院批准，现予以公布，自2011年1月1日起施行。

附件：一、废弃电器电子产品处理目录（第一批）

二、制订和调整废弃电器电子产品处理目录的若干规定

国家发展改革委

环境保护部

工业和信息化部

二〇一〇年九月八日

废弃电器电子产品处理目录（第一批）

序号	产品种类	产品范围
1	电视机	阴极射线管（黑白、彩色）电视机、等离子电视机、液晶电视机、背投电视机及其他用于接收信号并还原出图像及伴音的终端设备
2	电冰箱	冷藏冷冻箱（柜）、冷冻箱（柜）、冷藏箱（柜）及其他具有制冷系统、消耗能量以获取冷量的隔热箱体
3	洗衣机	波轮式洗衣机、滚筒式洗衣机、搅拌式洗衣机、脱水机及其他依靠机械作用洗涤衣物（含兼有干衣功能）的器具
4	房间空调器	整体式空调器（窗机、穿墙式等）、分体式空调器（分体壁挂、分体柜机等）、一拖多空调器及其他制冷量在 14 000 W 及以下的房间空气调节器具
5	微型计算机	台式微型计算机（包括主机、显示器分体或一体形式、键盘、鼠标）和便携式微型计算机（含掌上电脑）等信息事务处理实体

注：列入《目录》的进口和出口电器电子产品适用的海关商品编码由国家发展改革委会同海关总署、环境保护部等有关部门另行发布。

制订和调整废弃电器电子产品处理目录的若干规定

第一条　制订依据

为科学、客观、有效地制订和调整《废弃电器电子产品处理目录》（以下简称《目录》），制定本规定。

第二条　制订主体

国家发展改革委会同环境保护部、工业和信息化部成立《目录》管理委员会，负责《目录》的制订和调整工作，下设专家小组、行业小组、企业小组（具体机构职责和人员组成见《发改办环资[2010]545号》）。

第三条　制订原则

制订《目录》遵循以下原则：

（一）社会保有量大、废弃量大；

（二）污染环境严重、危害人体健康；

（三）回收成本高、处理难度大；

（四）社会效益显著、需要政策扶持。

第四条　制订程序

制订和调整《目录》按照以下程序：

（一）《目录》管理委员会委托有关机构，依据本规定第三条有关原则，研究提出《目录》备选范围；

（二）专家小组对纳入《目录》备选范围的产品进行评估，提出评估意见，形成《目录》初稿；

（三）行业小组和企业小组对《目录》初稿提出修改意见，完善后形成《目录》征求意见稿；

（四）《目录》征求意见稿征求国务院有关部门、行业协会、相关企业等各方面意见，完善后形成《目录》送审稿；

（五）《目录》送审稿经国务院批准后发布实施。

第五条　评估与调整

《目录》管理委员会不定期组织对《目录》实施情况的评估，并根据评估结果以及经济社会发展情况，对《目录》进行调整。《目录》的调整包括增补、变更、取消等情形。

第六条　参照标准

制订和调整《目录》参照现行相关电器电子产品的国家及行业标准。

第七条　海关商品编码

列入《目录》的进口和出口电器电子产品适用的海关商品编码由国家发展改革委会同海关总署、环境保护部等有关部门另行发布。

第八条　解释与发布

本规定由国家发展改革委会同环境保护部、工业和信息化部联合发布并负责解释。

中华人民共和国国家发展和改革委员会
中华人民共和国海关总署
中华人民共和国环境保护部
中华人民共和国工业和信息化部

公 告

2010 年 第 35 号

　　根据经国务院批准的《制订和调整废弃电器电子产品处理目录的若干规定》第七条规定，我们组织制订了《废弃电器电子产品处理目录（第一批）适用海关商品编号（2010 年版）》（以下简称《目录海关商品编号》），现予以公布，自 2011 年 1 月 1 日起施行。进出口列入《目录海关商品编号》的电器电子产品适用《废弃电器电子产品回收处理管理条例》的有关规定。

　　附件：废弃电器电子产品处理目录（第一批）适用海关商品编号
　　　　　（2010 年版）

国家发展改革委　海关总署

环境保护部　工业和信息化部

二〇一〇年十二月二十一日

附件：

废弃电器电子产品处理目录（第一批）
适用海关商品编号

（2010 年版）

序号	产品名称	税 则 号 列	
1	电视机	彩色的卫星电视接收机（在设计上不带有视频显示器或屏幕的）	85287110
		其他彩色的电视接收装置（在设计上不带有视频显示器或屏幕的）	85287180
		黑白的或其他单色的电视接收装置（在设计上不带有视频显示器或屏幕的）	85287190
		其他彩色的模拟电视接收机，带阴极射线显像管的	85287211
		其他彩色的数字电视接收机，阴极射线显像管的	85287212
		其他彩色的电视接收机，阴极射线是像管的	85287219
		其他彩色的模拟电视接收机	85287291
		其他彩色的数字电视接收机	85287292
		其他彩色的电视接收机	85287299
		黑白或其他单色的电视接收机	85287300
		彩色的液晶显示器的模拟电视接收机	85287221
		彩色的液晶显示器的数字电视接收机	85287222
		其他彩色的液晶显示器的电视接收机	85287229

序号	产品名称	税　则　号　列	
1	电视机	彩色的等离子显示器的模拟电视接收机	85287231
		彩色的等离子显示器的数字电视接收机	85287232
		其他彩色的等离子显示器的电视接收机	85287239
2	电冰箱	容积＞500 L 冷藏—冷冻组合机（各自装有单独外门的）	84181010
		200 L＜容积≤500 L 冷藏—冷冻组合机（各自装有单独外门的）	84181020
		容积≤200 L 冷藏—冷冻组合机（各自装有单独外门的）	84181030
		容积＞150 L 压缩式家用型冷藏箱	84182110
		压缩式家用型冷藏箱（50 L＜容积≤150 L）	84182120
		容积≤50 L 压缩式家用型冷藏箱	84182130
		半导体制冷式家用型冷藏箱	84182910
		电气吸收式家用型冷藏箱	84182920
		其他家用型冷藏箱	84182990
		制冷温度≤-40℃的柜式冷冻箱（容积不超过800 L）	84183010
		制冷温度＞-40℃大的其他柜式冷冻箱（大的指500 L＜容积≤800 L）	84183021
		制冷温度＞-40℃小的其他柜式冷冻箱（小的指容积≤500 L）	84183029
		制冷温度≤-40℃的立式冷冻箱（容积≤900 L）	84184010
		制冷温度＞-40℃大的立式冷冻箱（大的指500 L＜容积≤900 L）	84184021

序号	产品名称	税 则 号 列	
2	电冰箱	制冷温度＞-40℃小的立式冷冻箱（小的指容积≤500 L）	84184029
		装有冷藏或冷冻装置的其他设备，用于存储及展示（包括柜、箱、展示台、陈列箱及类似品）	84185000
3	洗衣机	干衣量≤10kg 全自动波轮式洗衣机	84501110
		干衣量≤10 kg 全自动滚筒式洗衣机	84501120
		其他干衣量≤10 kg 全自动洗衣机	84501190
		装有离心甩干机的非全自动洗衣机（干衣量≤10 kg）	84501200
		干衣量≤10 kg 的其他洗衣机	84501900
		干衣量＞10 kg 的洗衣机	84502000
4	房间空气调节器	独立窗式或壁式空气调节器（装有电扇及调温、调湿装置，包括不能单独调湿的空调器）	84151010
		制冷量≤4 000 kcal/h 分体式空调,窗式或壁式（装有电扇及调温、调湿装置，包括不能单独调湿的空调器）	84151021
		制冷量＞4 000 kcal/h 分体式空调,窗式或壁式（装有电扇及调温、调湿装置，包括不能单独调湿的空调器）	84151022
		制冷量≤4 000 kcal/h 热泵式空调器（装有制冷装置及一个冷热循环换向阀的）	84158110
		制冷量＞4 000 kcal/h 热泵式空调器（装有制冷装置及一个冷热循环换向阀的）	84158120
		制冷量≤4 000 kcal/h 的其他空调器（仅装有制冷装置，而无冷热循环装置的）	84158210
		制冷量＞4 000 kcal/h 的其他空调（仅装有制冷装置，而无冷热循环装置的）	84158220

序号	产品名称	税 则 号 列	
5	微型计算机	便携式自动数据处理设备（重量≤10 kg，至少由一个中央处理器、键盘和显示器组成）	84713000
		微型机	84714140
		其他数据处理设备（同一个机壳内至少有一个CPU和一个输入输出部件，包括组合式）	84714190

第四部分

处 理 基 金

关于印发《废弃电器电子产品处理基金征收使用管理办法》的通知

财综〔2012〕34 号

各省、自治区、直辖市人民政府，国务院各部委、各直属机构：

《废弃电器电子产品处理基金征收使用管理办法》已经国务院批准，现印发给你们，请遵照执行。

附件：废弃电器电子产品处理基金征收使用管理办法

财政部　环境保护部

国家发展改革委　工业和信息化部

海关总署　国家税务总局

二〇一二年五月二十一日

附件：

废弃电器电子产品处理基金征收
使用管理办法

第一章　总　则

第一条　为了规范废弃电器电子产品处理基金征收使用管理，根据《废弃电器电子产品回收处理管理条例》（国务院令第 551 号，以下简称《条例》）的规定，制定本办法。

第二条　废弃电器电子产品处理基金（以下简称基金）是国家为促进废弃电器电子产品回收处理而设立的政府性基金。

第三条　基金全额上缴中央国库，纳入中央政府性基金预算管理，实行专款专用，年终结余结转下年度继续使用。

第二章　征收管理

第四条　电器电子产品生产者、进口电器电子产品的收货人或者其代理人应当按照本办法的规定履行基金缴纳义务。

电器电子产品生产者包括自主品牌生产企业和代工生产企业。

第五条 基金分别按照电器电子产品生产者销售、进口电器电子产品的收货人或者其代理人进口的电器电子产品数量定额征收。

第六条 纳入基金征收范围的电器电子产品按照《废弃电器电子产品处理目录》（以下简称《目录》）执行，具体征收范围和标准见附件。

第七条 财政部会同环境保护部、国家发展改革委、工业和信息化部根据废弃电器电子产品回收处理补贴资金的实际需要，在听取有关企业和行业协会意见的基础上，适时调整基金征收标准。

第八条 电器电子产品生产者应缴纳的基金，由国家税务局负责征收。进口电器电子产品的收货人或者其代理人应缴纳的基金，由海关负责征收。

第九条 电器电子产品生产者按季申报缴纳基金。

国家税务局对电器电子产品生产者征收基金，适用税收征收管理的规定。

第十条 进口电器电子产品的收货人或者其代理人在货物申报进口时缴纳基金。

海关对基金的征收缴库管理，按照关税征收缴库管理的规定执行。

第十一条 对采用有利于资源综合利用和无害化处理的设计方案以及使用环保和便于回收利用材料生产的电器电子产品，可以减征基金，具体办法由财政部会同环境保护部、国家发展改革委、工业和信息化部、税务总局、海关总署另行制定。

第十二条　电器电子产品生产者生产用于出口的电器电子产品免征基金，由电器电子产品生产者依据《中华人民共和国海关出口货物报关单》列明的出口产品名称和数量，向国家税务局申请从应缴纳基金的产品销售数量中扣除。

第十三条　电器电子产品生产者进口电器电子产品已缴纳基金的，国内销售时免征基金，由电器电子产品生产者依据《中华人民共和国海关进口货物报关单》和《进口废弃电器电子产品处理基金缴款书》列明的进口产品名称和数量，向国家税务局申请从应缴纳基金的产品销售数量中扣除。

第十四条　基金收入在政府收支分类科目中列 103 类 01 款 75 项"废弃电器电子产品处理基金收入"（新增）下的有关目级科目。

第十五条　未经国务院批准或者授权，任何地方、部门和单位不得擅自减免基金，不得改变基金征收对象、范围和标准。

第十六条　电器电子产品生产者、进口电器电子产品的收货人或者其代理人缴纳的基金计入生产经营成本，准予在计算应纳税所得额时扣除。

第三章　使用管理

第十七条　基金使用范围包括：

（一）废弃电器电子产品回收处理费用补贴；

（二）废弃电器电子产品回收处理和电器电子产品生产销售信

息管理系统建设，以及相关信息采集发布支出；

（三）基金征收管理经费支出；

（四）经财政部批准与废弃电器电子产品回收处理相关的其他支出。

第十八条　依照《条例》和《废弃电器电子产品处理资格许可管理办法》（环境保护部令　第 13 号）的规定取得废弃电器电子产品处理资格的企业（以下简称处理企业），对列入《目录》的废弃电器电子产品进行处理，可以申请基金补贴。

给予基金补贴的处理企业名单，由财政部、环境保护部会同国家发展改革委、工业和信息化部向社会公布。

第十九条　国家鼓励电器电子产品生产者自行回收处理列入《目录》的废弃电器电子产品。各省（区、市）环境保护主管部门在编制本地区废弃电器电子产品处理发展规划时，应当优先支持电器电子产品生产者设立处理企业。

第二十条　对处理企业按照实际完成拆解处理的废弃电器电子产品数量给予定额补贴。

基金补贴标准为：电视机 85 元/台、电冰箱 80 元/台、洗衣机 35 元/台、房间空调器 35 元/台、微型计算机 85 元/台。

上述实际完成拆解处理的废弃电器电子产品是指整机，不包括零部件或散件。

财政部会同环境保护部、国家发展改革委、工业和信息化部根据废弃电器电子产品回收处理成本变化情况，在听取有关企业和行业协会意见的基础上，适时调整基金补贴标准。

第二十一条　处理企业拆解处理废弃电器电子产品应当符合国家有关资源综合利用、环境保护的要求和相关技术规范，并按照环境保护部制定的审核办法核定废弃电器电子产品拆解处理数量后，方可获得基金补贴。

第二十二条　处理企业按季对完成拆解处理的废弃电器电子产品种类、数量进行统计，填写《废弃电器电子产品拆解处理情况表》，并在每个季度结束次月的 5 日前报送各省（区、市）环境保护主管部门。

第二十三条　处理企业报送《废弃电器电子产品拆解处理情况表》时，应当同时提供以下资料：

（一）废弃电器电子产品入库和出库记录报表；

（二）废弃电器电子产品拆解处理作业记录报表；

（三）废弃电器电子产品拆解产物出库和入库记录报表；

（四）废弃电器电子产品拆解产物销售凭证或处理证明。

相关报表和凭证按照环境保护部统一规定的格式报送。

第二十四条　各省（区、市）环境保护主管部门接到处理企业报送的《废弃电器电子产品拆解处理情况表》及相关资料后组织开展审核工作，并在每个季度结束次月的月底前将审核意见连同处理企业填写的《废弃电器电子产品拆解处理情况表》，以书面形式上报环境保护部。

环境保护部负责对各省（区、市）环境保护主管部门上报情况进行核实，确认每个处理企业完成拆解处理的废弃电器电子产品种类、数量，并汇总提交财政部。

财政部按照环境保护部提交的废弃电器电子产品拆解处理种类、数量和基金补贴标准，核定对每个处理企业补贴金额并支付资金。资金支付按照国库集中支付制度有关规定执行。

第二十五条　环境保护部、税务总局、海关总署等有关部门应当按照中央政府性基金预算编制的要求，编制年度基金支出预算，报财政部审核。

财政部应当按照预算管理规定审核基金支出预算并批复下达相关部门。

第二十六条　基金支出在政府收支分类科目中列 211 类 61 款"废弃电器电子产品处理基金支出"（新增）。

第四章　监督管理

第二十七条　电器电子产品生产者、进口电器电子产品的收货人或者其代理人应当分别向国家税务局、海关报送电器电子产品销售和进口的基本数据及情况，并按照规定申报缴纳基金，自觉接受国家税务局、海关的监督检查。

第二十八条　处理企业应当按照规定建立废弃电器电子产品的数据信息管理系统，跟踪记录废弃电器电子产品接收、贮存和处理，拆解产物出入库和销售，最终废弃物出入库和处理等信息，全面反映废弃电器电子产品在处理企业内部运转流程，并如实向环境保护等主管部门报送废弃电器电子产品回收和拆解处理的基本数据及情况。

第二十九条　处理企业申请基金补贴相关资料及记录废弃电器电子产品回收和拆解处理情况的原始凭证应当妥善保存备查，保存期限不得少于5年。

第三十条　环境保护部和各省（区、市）环境保护主管部门应当建立健全基金补贴审核制度，通过数据系统比对、书面核查、实地检查等方式，加强废弃电器电子产品拆解处理的环保核查和数量审核，防止弄虚作假、虚报冒领补贴资金等行为的发生。

第三十一条　财政部会同环境保护部、国家发展改革委、工业和信息化部建立实时监控废弃电器电子产品回收处理和生产销售的信息管理系统（以下简称监控系统）。

处理企业和电器电子产品生产者应当配合有关部门建立监控系统。处理企业建立的废弃电器电子产品数据信息管理系统应当与监控系统对接。电器电子产品生产者应当按照建立监控系统的要求，登记企业信息并报送电器电子产品生产销售情况。

第三十二条　财政部、审计署、环境保护部、国家发展改革委、工业和信息化部、税务总局、海关总署应当按照职责加强对基金缴纳、使用情况的监督检查，依法对基金违法违规行为进行处理、处罚。

第三十三条　有关行业协会应当协助环境保护主管部门和财政

部门做好废弃电器电子产品拆解处理种类、数量的审核工作。

第三十四条 环境保护部和各省（区、市）环境保护主管部门应当分别公开全国和本地区处理企业拆解处理废弃电器电子产品及接受基金补贴情况，接受公众监督。

任何单位和个人有权监督和举报基金缴纳和使用中的违法违规问题。有关部门应当按照职责分工对单位和个人举报投拆的问题进行调查和处理。

第五章　法律责任

第三十五条 单位和个人有下列情形之一的，依照《财政违法行为处罚处分条例》（国务院令 第427号）和《违反行政事业性收费和罚没收入收支两条线管理规定行政处分暂行规定》（国务院令第281号）等法律法规进行处理、处罚、处分；构成犯罪的，依法追究刑事责任：

（一）未经国务院批准或者授权，擅自减免基金或者改变基金征收范围、对象和标准的；

（二）以虚报、冒领等手段骗取基金补贴的；

（三）滞留、截留、挪用基金的；

（四）其他违反政府性基金管理规定的行为。

处理企业有第一款第（二）项行为的，取消给予基金补贴的资格，并向社会公示。

第三十六条　电器电子产品生产者违反基金征收管理规定的，由国家税务局比照税收违法行为予以行政处罚。进口电器电子产品的收货人或者其代理人违反基金征收管理规定的，由海关比照关税违法行为予以行政处罚。

第三十七条　基金征收、使用管理有关部门的工作人员违反本办法规定，在基金征收和使用管理工作中滥用职权、玩忽职守、徇私舞弊，构成犯罪的，依法追究刑事责任；尚不构成犯罪的，依法给予处分。

第六章　附　则

第三十八条　本办法由财政部、环境保护部、国家发展改革委、工业和信息化部、税务总局、海关总署负责解释。

第三十九条　本办法自 2012 年 7 月 1 日起执行。

附：1. 对电器电子产品生产者征收基金的产品范围和征收标准
　　2. 对进口电器电子产品征收基金适用的商品名称、海关税则号列和征收标准（2012 年版）

对电器电子产品生产者征收基金的
产品范围和征收标准

序号	产品种类	产品范围	征收标准/（元/台）
1	电视机	阴极射线管（黑白、彩色）电视机	13
		液晶电视机	13
		等离子电视机	13
		背投电视机	13
		其他用于接收信号并还原出图像及伴音的终端设备	13
2	电冰箱	冷藏冷冻箱（柜）	12
		冷藏箱（柜）	12
		冷冻箱（柜）	12
		其他具有制冷系统、消耗能量以获取冷量的隔热箱体	12
3	洗衣机	波轮式洗衣机	7
		滚筒式洗衣机	7
		搅拌式洗衣机	7
		脱水机	7
		其他依靠机械作用洗涤衣物（含兼有干衣功能）的器具	7

序号	产品种类	产品范围	征收标准/（元/台）
4	房间空调器	整体式空调（窗机、穿墙机等）	7
		分体式空调（分体壁挂、分体柜机等）	7
		一拖多空调器	7
		其他制冷量在 14 000 W 及以下的房间空气调节器具	7
5	微型计算机	台式微型计算机的显示器	10
		主机、显示器一体形式的台式微型计算机	10
		便携式微型计算机（含平板电脑、掌上电脑）	10
		其他信息事务处理实体	10

注：对电器电子产品生产者销售台式微型计算机整机不征收基金，但台式微型计算机显示器生产者将其生产的显示器组装成计算机整机销售的除外。对台式微型计算机显示器生产者组装的计算机整机按照 10 元/台的标准征收基金。

附 2:

对进口电器电子产品征收基金适用的
商品名称、海关税则号列和征收标准

（2012 年版）

序号	产品种类	商品名称	税则号列	征收标准/（元/台）
1	电视机	其他彩色的模拟电视接收机，带阴极射线显像管的	85287211	13
		其他彩色的数字电视接收机，阴极射线显像管的	85287212	13
		其他彩色的电视接收机，阴极射线显像管的	85287219	13
		彩色的液晶显示器的模拟电视接收机	85287221	13
		彩色的液晶显示器的数字电视接收机	85287222	13
		其他彩色的液晶显示器的电视接收机	85287229	13
		彩色的等离子显示器的模拟电视接收机	85287231	13
		彩色的等离子显示器的数字电视接收机	85287232	13
		其他彩色的等离子显示器的电视接收机	85287239	13
		其他彩色的模拟电视接收机	85287291	13
		其他彩色的数字电视接收机	85287292	13
		其他彩色的电视接收机	85287299	13
		黑白或其他单色的电视接收机	85287300	13

序号	产品种类	商品名称	税则号列	征收标准/（元/台）
2	电冰箱	容积＞500 L 冷藏-冷冻组合机（各自装有单独外门的）	84181010	12
		200 L＜容积≤500 L 冷藏-冷冻组合机（各自装有单独外门的）	84181020	12
		容积≤200 L 冷藏-冷冻组合机（各自装有单独外门的）	84181030	12
		容积＞150 L 压缩式家用型冷藏箱	84182110	12
		压缩式家用型冷藏箱（50 L＜容积≤150 L）	84182120	12
		容积≤50 L 压缩式家用型冷藏箱	84182130	12
		半导体制冷式家用型冷藏箱	84182910	12
		电气吸收式家用型冷藏箱	84182920	12
		其他家用型冷藏箱	84182990	12
		制冷温度＞-40℃小的其他柜式冷冻箱（小的指容积≤500 L）	84183029	12
		制冷温度＞-40℃小的立式冷冻箱（小的指容积≤500 L）	84184029	12
3	洗衣机	干衣量≤10 kg 全自动波轮式洗衣机	84501110	7
		干衣量≤10 kg 全自动滚筒式洗衣机	84501120	7
		其他干衣量≤10 kg 全自动洗衣机	84501190	7
		装有离心甩干机的非全自动洗衣机（干衣量≤10 kg）	84501200	7
		干衣量≤10 kg 的其他洗衣机	84501900	7

序号	产品种类	商品名称	税则号列	征收标准/（元/台）
4	房间空调器	独立窗式或壁式空气调节器（装有电扇及调温、调湿装置，包括不能单独调湿的空调器）	84151010	7
		制冷量≤4 000 kcal/h 分体式空调，窗式或壁式（装有电扇及调温、调湿装置，包括不能单独调湿的空调器）	84151021	7
		4 000 kcal/h ＜ 制 冷 量 ≤ 12 046 kcal/h（14 000 W）分体式空调，窗式或壁式（装有电扇及调温、调湿装置，包括不能单独调湿的空调器）	ex84151022	7
		制冷量≤4 000 kcal/h 热泵式空调器（装有制冷装置及一个冷热循环换向阀的）	84158110	7
		4 000 kcal/h ＜ 制 冷 量 ≤ 12 046 kcal/h（14 000 W）热泵式空调器（装有制冷装置及一个冷热循环换向阀的）	ex84158120	7
		制冷量≤4 000 kcal/h 的其他空调器（仅装有制冷装置，而无冷热循环装置的）	84158210	7
		4 000 kcal/h ＜ 制 冷 量 ≤ 12 046 kcal/h（14 000 W）的其他空调（仅装有制冷装置，而无冷热循环装置的）	ex84158220	7
5	微型计算机	便携式自动数据处理设备（重量≤10 kg，至少由一个中央处理器、键盘和显示器组成）	84713000	10
		微型机	84714140	10

序号	产品种类	商品名称	税则号列	征收标准/（元/台）
5	微型计算机	以系统形式报验的微型机	84714940	10
		含显示器的微型机的处理部件	ex84715040	10
		专用或主要用于 84.71 商品的阴极射线管监视器	85284100	10
		专用或主要用于 84.71 商品的液晶监视器	85285110	10
		其他专用或主要用于 84.71 商品的监视器	85285190	10
		其他彩色的监视器	85285910	10
		其他单色的监视器	85285990	10

关于组织开展废弃电器电子产品拆解处理情况审核工作的通知

环发〔2012〕110 号

各省、自治区、直辖市环境保护厅（局）、财政厅（局），各环境保护督查中心：

根据《废弃电器电子产品回收处理管理条例》和财政部、环境保护部等部门《关于印发〈废弃电器电子产品处理基金征收使用管理办法〉的通知》（财综〔2012〕34 号，以下简称《办法》，见附件 1），为确保落实废弃电器电子产品处理基金补贴政策，现就组织开展废弃电器电子产品拆解处理情况审核工作有关事项通知如下：

一、高度重视。废弃电器电子产品处理基金（以下简称"基金"）是国家设立的政府性基金，对于促进废弃电器电子产品规范回收处理具有重要意义。《办法》规定环境保护主管部门负责核定废弃电器电子产品处理企业（以下简称"处理企业"）拆解处理种类和数量；财政部负责按照环境保护部提交的废弃电器电子产品拆解处理种类、数量，核定每个处理企业补贴金额并拨付补贴基金。各级环保部门和财政部门务必高度重视，进一步提高认识，加强组织领导，落实责任单位和责任人，坚持公开、公平、廉政、高效的原则，切实抓好审核工作，保障基金使用安全。

二、制定审核工作方案。省级环保部门负责组织本辖区处理企业拆解处理种类和数量的审核工作。要制定审核工作方案，配置专人负责审核工作。审核工作方案要明确审核工作机制、工作流程和工作时限等内容。审核工作要充分发挥有关部门、行业协会和专家的作用；对涉及处理企业相关资金往来的信息，可委托或邀请会计师事务所等专业机构审核；在保障资金安全的前提下，要不断提高审核效率。对未制定审核工作方案的省（区、市），环境保护部不予受理该省（区、市）的审核申请。

三、严格审核。各相关环保部门要依据《废弃电器电子产品企业补贴审核指南》，对处理企业回收和拆解处理废弃电器电子产品的物流、信息流和资金流进行比对审核，确定拆解处理种类和数量。对处理企业不能提供材料证明的，或者有关物流、信息流和资金流等信息不一致且不能提供充分合理理由的，不予认可。对危险废物类拆解产物（如含铅玻璃、印刷电路板等）的处理情况，不仅要核对委托处理合同，还要核对危险废物接收单位返还的转移联单；无接收单位返还转移联单的，不予认可。省级财政部门在职责范围内，就保障基金使用安全开展相关工作。

四、及时报送审核结果。省级环保部门要按季度组织开展审核工作，督促处理企业在每个季度结束次月的 5 日前上报拆解处理的种类和数量，确保在每个季度结束次月的月底前以省级环保部门正式文件形式将审核情况上报环境保护部，并附《废弃电器电子产品拆解处理情况表》（格式见附件 2）、《废弃电器电子产品基金补贴审核报告》（辖区内一个企业一个报告，报告由具体负责审核的环保部门出具，格式参照附件 3），省级环保部门不得无故不上报或者拖延上报审核意见。《废弃电器电子产品拆解处理情况表》须由省级环保部门负责人签字并加盖公章；环境保护部核实汇总后，提交财政部；财政部核定每个处理企业的补贴金额后，按照国库集中支付制度有关规定支付资金。有关审核资料应当归档备查，保存期限不少于 3 年。拆解处理种类和数量从处理企业获得拆解处理资质之日起开始计算；对"以旧换新"政策实施期间，国家已给予补贴的，不得重复计算补贴产品数量。

五、加强处理企业监管。省级环保部门要制定监管方案，按照属地监管原则，组织县级以上地方环保部门加强日常监管，原则上每两周现场检查一次，有条件的地区可以实行驻厂监管。原则上负责废弃电器电子产品处理资格许可的设区的市级环保部门是处理企业的第一监管责任人。要重点抽查核实处理企业每日报送的拆解处理种类和数量，检查含铅玻璃、废弃印刷电路板等危险废物利用处置等环境保护情况等；对处理企业发生视频监控系统、信息系统故障等不利于审核情形的，应责令企业限期整改，并停止废弃电器电子产品收集和拆解处理活动直至整改符合要求。环境保护部、财政部将组织对处理企业进行随机抽查。

六、建立基金补贴企业退出机制。各省级环保部门要根据日常监管情况，对辖区内处理企业进行综合评估，适时调整本省（区、市）《废弃电器电子产品处理发展规划》布点，淘汰缺乏诚信、不符合环保要求、回收体系不健全、资源综合利用率低或者技术工艺落后的企业；增补设备先进、管理规范、资源利用效率高、回收体系健全的企业，并报财政部、环境保护部等部门审核后调整纳入基金补贴范围的企业名单，逐步提高处理行业整体水平。

七、完善监控措施。各级相关环保部门要督促处理企业按照《废弃电器电子产品处理企业资格审查和许可指南》的要求，完善处理企业远程视频监控系统（具体要求见附件4），对拆解处理全过程进行监控，并与省级环保部门联网；督促处理企业建设数据信息管理系统（具体要求见附件4），在财政部会同环境保护部等部门建立废弃电器电子产品回收处理实时监控信息管理系统后，能够与之对接联网。要充分发挥信息系统的辅助审核作用，加强数据分析，查找风险，提高监管和审核的针对性。

八、经费保障。对各级环保部门在开展废弃电器电子产品拆解处理审核工作中发生的委托专业机构审核经费、建设远程视频监控系统经费及其他相关经费开支，由各级环保部门向同级财政部门提出申请，同级财政部门在环保部门预算中予以核定，切实保障环保部门开展废弃电器电子产品拆解处理审核工作的需要。

九、严肃纪律。各级环保部门应当严格执行党风廉政建设的有关规定，廉洁自律，坚决杜绝权钱交易。要实行信息公开，设区的市级以上地方环保部门应当在门户网站上公开本地区各处理企业的审核情况，接受公众监督。对发现处理企业以虚报、冒领等手段骗取基金补贴的，要提请财政部、环境保护部取消给予基金补贴的资格，并向社会公布；构成犯罪的，依法追究刑事责任。

省级环保部门要督促第一批纳入基金补贴范围的企业在落实相关整改要求的基础上，尽快全面开展拆解处理工作，并相应做好审核工作。请各省级环保部门于 2012 年 9 月 30 日前将本省审核工作方案、负责人及联系人联系方式报环境保护部、财政部备案。

联系人：环境保护部污染防治司　陈瑛　熊晶

电　话：（010）66556254　66556291

传　真：（010）66556252

联系人：环境保护部固体废物管理中心　胡楠　郑洋

电　话：（010）84665586　84665582

传　真：（010）84634708

联系人：财政部综合司　马宇

电　话：（010）68551470

传　真：（010）68551420

附件 1.财政部环境保护部国家发展改革委工业和信息化部海关总署国家税务总局关于印发《废弃电器电子产品处理基金征收使用管理办法》的通知（财综〔2012〕34 号）

2.废弃电器电子产品拆解处理情况表

3.废弃电器电子产品拆解处理情况审核报告

4.废弃电器电子产品处理企业视频监控系统及数据信
息管理系统建设要求

附件 1　略

附件 2

废弃电器电子产品拆解处理情况表

（正　面）

申请审核时段：　　　年　月　日—　　年　月　日

一、企业基本情况			
单位名称		资格证书编号	
发证机关		资格证书有效期	
处理设施地址			
法定代表人		联系电话	
联系人		联系电话	
二、废弃电器电子产品基金补贴情况			
首次获得基金补贴的时间			
本年度已获得基金补贴的产品拆解总量/万台			
上季度获得基金补贴的产品拆解总量/万台			

三、申请补贴量

类　　别	回收量/万台	拆解量/万台
废电视机		
废冰箱		
废洗衣机		
废空调		
废电脑		

申请单位确认：

法定代表人：

公章：

年　月　日

（反　面）

四、省级环境保护主管部门意见	
类　　别	拆解量/台
废电视机	
废冰箱	
废洗衣机	
废空调	
废电脑	

备注：

审核单位确认：

负责人：

公章：

年　月　日

废弃电器电子产品拆解处理情况审核报告

（格 式）

企业名称：＿＿＿＿＿＿＿＿＿＿＿＿＿＿＿＿＿＿

审核单位：＿＿＿＿＿＿＿＿＿＿＿＿＿＿＿＿＿＿

审核单位负责人（签名）：＿＿＿＿＿＿＿＿＿＿

审 核 单 位 公 章：＿＿＿＿＿＿＿＿＿＿＿

年 月 日

一、基本情况

（一）企业基本情况

企业基本信息、处理废弃电器电子产品类别、处理工艺、环境保护措施、人员等情况。

（二）废弃电器电子产品拆解基本情况

审核时段内企业废弃电器电子产品回收、拆解、拆解产物等总体情况。

（三）近年来基金拨付使用情况

近3年来企业废弃电器电子产品处理基金申请、拨付、使用情况。

（四）企业监管情况

近3年来，各级环境保护主管部门现场检查、处罚等情况。

二、拆解处理情况审核评价

（一）收购来源

废弃电器电子产品来源情况。

（二）拆解处理过程评价

对废弃电器电子产品拆解处理过程、处理工艺做详细描述，并对符合环保标准处置情况做详细说明，并对不符合拆解环保规定的废弃电器电子产品处理情况做说明。

（三）拆解产物去向评价

对拆解产物去向符合国家环保规范，遵守各项环保制度的情况做详细说明，并对不符合国家环保规定的具体处理方式做说明。

三、审核情况

对书面审核和现场审核的审核资料、审核方式、审核程序、审核要点和工作规范、审核检验情况做详细说明。

四、审核结论

按照国家废弃电器电子产品拆解处理数量确定原则，给出最终审核、认定结论。

五、存在的问题

审核过程中发现的日常管理、污染防治措施、环保部门监管等方面的问题。

附件 4

废弃电器电子产品处理企业视频监控
系统及数据信息管理系统建设要求

一、视频监控系统建设要求

视频监控系统应按照《废弃电器电子产品处理企业资格审查和许可指南》要求，对废弃电器电子产品在企业内部流转的整个流程进行全过程实时监控。

（一）在厂区所有进出口处（须能清楚辨识人员及车辆进出）、地磅及磅秤、处理设备与处理生产线（包含待处理区）、贮存区域、处理区域、可能产生污染的区域（含制冷剂抽取区、荧光粉吸取及破碎分选等作业区）以及处理设施所在地县级以上人民政府环境保护主管部门指定的其他区域等点位应设置固定的视频监控设备；

（二）视频监控系统应实现连续 24 小时不间断录像；

（三）视频监控画面应能够近距离清晰辨别工人操作、车辆牌照等；

（四）录像应按照监控点分别采用硬盘方式存储，录像保存时间至少为 1 年；

（五）视频监控系统应与省级环保部门联网。

二、数据信息管理系统建设

（一）生产台账等数据信息管理系统应按照《废弃电器电子产品处理企业建立数据信息管理系统及报送信息指南》要求，跟踪记录废弃电器电子产品在企业内部运转的整个流程，包括：记录废弃电器电子产品接收的时间、来源、类别、重量和数量；运输者的名称和地址；贮存的时间和地点；拆解处理的时间、类别、重量和数量；拆解产物（包括最终废弃物）的类别、重量或数量，去向等。

（二）对危险废物类拆解产物（如含铅玻璃、废印刷电路板等）的处理情况，不仅要提供委托处理合同，还要提供危险废物接收单位返还的转移联单；无接收单位返还转移联单的拆解处理量，不予认可。有关危险废物转移联单（包括接收单位返回给产生单位的第一联）应妥善保存五年。

废弃电器电子产品处理企业补贴审核指南

环境保护部公告　2010 年　第 83 号

一、依据和目的

为贯彻落实《废弃电器电子产品回收处理管理条例》（以下简称《条例》），规范和指导地方环境保护主管部门对申请废弃电器电子产品回收处理基金补贴的处理企业，审核其废弃电器电子产品无害化处理数量，促进废弃电器电子产品妥善处理，保障基金使用安全，制定本指南。

家电"以旧换新"工作中，拆解处理企业申请拆解处理补贴的审核，可参照本指南执行。

二、审核机构

原则上，废弃电器电子产品处理数量由省级环境保护主管部门组织审核。

审核机构可邀请税务、会计、废弃电器电子产品处理技术等方面的专家和机构参加审核。

三、审核方式和要点

申请补贴的处理企业应当提供相关处理数量的证明材料，包括废弃电器电子产品出入库日报表，拆解处理记录日报表，拆解产物（包括最终废弃物）出入库日报表，以及相关的基础记录表和原始凭证等（可参照废弃电器电子产品处理企业建立数据信息管理系统有关指南执行）。

审核机构应当组织对申请单位提交的证明材料进行书面审查和实地核查。

审查以随机抽查为主，即随机抽取拟审核时段（如2011年1月1日—3月31日）内的一定天数的证明材料（如2011年1月5日，2月15日，3月29日）进行审核。抽查率（即抽查的天数/审核时段内的天数）原则上不低于10%；经抽查存在问题的（如数据异常或不符合逻辑的），应继续抽查未经审查的证明材料，并提高抽查率至20%；仍然存在问题的，应对证明材料进行100%审核。

要注重核查基础记录和原始凭证的真实性。相关基础记录和原始凭证应编号，其日期应在拟审核的时段内，有相关人员（如交接人、经办人、审核人）的签字等。可通过与当事人（如作业工人、记录员、统计员或生产主管）面谈，核查相关人员的考勤记录、工资的实际发放情况，核查相关视频记录以及生产设备的所耗用的水、电、原材料等方式，审查基础记录和原始凭证的真实性。

要着重核查关键拆解产物去向的合理性。其去向应具有统一发票，合同，交接记录等证明文件；属于危险废物的，应具有转移联单等证明材料。

要对处理企业提供的证明材料进行逻辑分析。如累计废弃电器电子产品接收数量应当大于或等于处理数量；拆解产物出入库基础记录，与拆解处理基础记录中有关拆解产物的数量应当相对应等等。

四、废弃电器电子产品无害化处理数量核定原则

（一）以下情形，不计入处理数量：

1. 工业生产过程中产生的残次或报废的废弃电器电子产品。

2. 处理企业接收和处理的废弃电器电子产品不具有表1所列主要零部件的。

表1　各废弃电器电子产品的主要零部件

产 品 名 称	主 要 零 部 件
电视机	阴极射线管（以下简称"CRT"）+机壳+电路板
电冰箱	压缩机+箱体（含门）
微型计算机	显像管（显示器）+机壳+主板
洗衣机	电机+机壳+桶槽

3. 处理企业不能提供相关处理数量的证明材料的。包括因故遗失相关原始凭证，或原始凭证损毁的。

（二）未按照相关法律法规和标准规范的要求拆解处理废弃电器电子产品的，要扣减处理数量。有关要求另行发布。

（三）废弃电器电子产品处理数量以处理企业日常生产所记录的处理数量为主进行核定，并与依据关键拆解产物物料系数（见附录）核算的数量进行核对。当两个数据存在较大差异，且不能提供合理解释的，处理数量取二者的小值。

（四）关键拆解产物（见表2）原则上应在6个月内处理完毕；在6个月内未处理完毕的，暂停补贴的审核。

表2　关键拆解产物

产品名称	关键拆解产物
CRT 黑白电视机	CRT 玻璃、印刷电路板
CRT 彩色电视机	CRT 锥玻璃、印刷电路板
电冰箱	保温层材料、压缩机
洗衣机	电动机
电脑显示器	CRT 锥玻璃、印刷电路板
电脑主机	印刷电路板

（五）对有关处理数量的证明材料弄虚作假的，一经查出，要追缴补贴资金，取消补贴资格。

五、废弃电器电子产品拆解处理数量核算的步骤

（一）核定审核时段内处理数量 A1

审核资料：废弃电器电子产品拆解处理日报表，拆解产物的出入库日报表，拆解处理基础记录表，拆解产物的出入库基础记录表及相关原始凭证等。

（二）核定审核时段内关键拆解产物的产生量

审核资料：关键拆解产物日报表、拆解产物的出入库日报表，拆解产物出入库基础记录表和拆解处理基础记录表等。

（三）根据物料平衡计算审核时段内处理数量 A2

依据本指南关键拆解产物的物料系数（见附录）计算审核时段内处理数量 A2，计算公式如下：

审核时段内处理数量 A2=审核时段内拆解关键产物产生量÷（单台平均重量×关键拆解产物物料系数）

举例如下：

项　　目	单台平均重量/kg	物料系数（关键拆解产物占总重量比例）	CRT 玻璃产生重量/kg	物料平衡核算处理量/台
CRT 黑白电视机	10	CRT 玻璃：0.5	1 500	1 500÷（10×0.5）=300

对有多个关键拆解产物的，同样计算后取其最小值。

（四）审核时段内废弃电器电子产品的处理数量的校核和扣减

将 A2 与 A1 进行比对校核。当 A1 小于 A2 时，处理数量取 A1；当 A1 大于 A2 且差异率大于 25%，处理企业不能提供合理解释的，处理数量取 A2。

处理数量 A1/台	处理数量 A2/台	差异率=（A1−A2）÷A2×100%	处理数量 A/台
260	200	（260−200）÷200×100%=30%	取小值（200 260）=200

未按照相关法律法规和标准规范的要求拆解处理废弃电器电子产品的，应当在上述基础上再扣减相应的处理数量。

六、关键拆解产物处理情况审查

（一）核定关键拆解产物处理数量

审核资料：关键拆解产物日报表、拆解产物的出入库日报表、基础记录表和原始凭证，如销售合同、销售票据、称重磅单。属于危险废物的，出厂应当附转移联单。自行处理关键拆解产物的，应当核查生产记录。

（二）计算关键拆解产物前 6 个月（如审核时段为 2011 年 4 月 1 日—6 月 30 日，则前 6 个月为 2011 年 1 月 1 日—6 月 30 日）的累计产生量 B。

（三）计算关键拆解产物的累计产生量 D（自审核以来至审核时段末日的产生量）和累计处理数量 E（自审核以来至审核时段末日的处理量），计算其差值 F，即 F=D−E。

（四）比较 F 和前 6 个月的累计产生量 B。如果 F 大于 B，则说明关键拆解产物未在 6 个月内处理完毕，则暂停审核。如 CRT 锥玻璃未在 6 个月内处理完毕时，暂停对彩色电视机和电脑处理数量的审核。

七、审核工作要求

（一）审核工作应当遵循"公开、公平、廉政、高效"的原则。

（二）审核人员应经培训。熟悉《条例》、本指南及相关配套政策的要求；掌握审核方式、程序和要点、工作规范等。

（三）审核前，审核人员应当了解掌握处理企业的以下情况：企业基本情况；企业接收和处理各类废弃电器电子产品工作流程、规章制度和要求等；废弃电器电子产品拆解产物（包括最终废弃物）的类型、产生工序及去向；企业关于废弃电器电子产品的接收、贮存和处理，拆解产物的出入库和销售，最终废弃物的出入库等的基础记录表及相关报表等。

（四）每次审核，审核人员不少于两人。

开展审核工作前，审核人员应当首先宣读有关廉政的规定和相关纪律要求。

审核人员进行审核时，涉及本人利害关系的，以及其他可能影响公正执行公务的，应当回避。

（五）审核人员实地审核时，应记录并保留相关工作资料备查。实地审核记录，应当注明时间、地点和事件等内容，并由审核人员签名和当事人签章。

八、部分拆解产物的处理要求

1. 黑白电视机拆解产生的 CRT 玻璃和彩色电视机拆解产生的 CRT 屏玻璃作为一般工业固体废物，可进入生活垃圾填埋场填埋，提供或委托给 CRT 玻壳生产企业利用，或以其他环境无害化的方式利用处置。

2. 彩色电视机拆解产生的 CRT 锥玻璃应提供或委托给 CRT 玻壳生产企业回收利用或交由持危险废物经营许可证并具有相应经营范围的单位利用或处置。

3. 废印刷电路板等危险废物应提供或委托给持有危险废物经营许可证并具有相应经营范围的单位利用或处置；自行处理废印刷电

路板的，产生的非金属组分应当自行或委托符合环保要求的单位进行最终无害化利用或处置。

4．电冰箱或房间空调器的制冷剂应当回收并提供或委托给依据《消耗臭氧层物质管理条例》（国务院令第573号）经所在地省（区、市）环境保护主管部门备案的单位进行回收、再生利用或者委托给持有危险废物经营许可证并具有相应经营范围的单位销毁。

5．电线电缆、电机应提供或委托给环境保护部核定的进口废五金电器、废电线电缆和废电机定点加工利用单位或其他符合环保要求的单位拆解处理。

6．电冰箱保温层材料作为一般工业固体废物，可进入生活垃圾处理设施填埋或焚烧，或以其他环境无害化的方式利用处置。

附录：

关键拆解产物物料系数

项目	规 格	单台平均重量/kg	物料系数：拆解产物占总重量比例	备 注
电视机	4～9寸	2.5	● CRT 玻璃：0.43 ● 印刷电路板：0.13	
	12寸	7.2	● CRT 玻璃：0.48 ● 印刷电路板：0.07	
	14寸	8.6	● CRT 玻璃：0.47 ● 印刷电路板：0.07	
	17寸	16	● CRT 玻璃：0.56 ● 印刷电路板：0.08	包括18寸
	21寸	22	● CRT 玻璃：0.66 ● 印刷电路板：0.06	包括20寸和22寸
	25寸	30	● CRT 玻璃：0.65 ● 印刷电路板：0.06	
	29寸	40	● CRT 玻璃：0.71 ● 印刷电路板：0.05	
	32寸及以上	65	● CRT 玻璃：0.71 ● 印刷电路板：0.06	

项 目	规 格	单台平均 重量/kg	物料系数：拆解产物 占总重量比例	备 注
电 冰 箱	120 L 以下	40	● 保温层材料：0.16 ● 压缩机：0.19	
	120～220 L	45		
	220 L 以上	55		
洗 衣 机	单 缸	5.7	● 电机：0.38	
	双 缸	24	● 电机：0.23	
	全自动	31	● 电机：0.13	
	滚 筒	70	● 电机：0.10	
台式 电脑	主 机	9	电路板：0.12	CRT 显示器参考 同尺寸电视机

注：彩色电视机 CRT 的屏玻璃与锥玻璃的重量比为 2∶1。

废弃电器电子产品处理企业
建立数据信息管理系统及报送信息指南

环境保护部公告 2010 年 第 84 号

一、依据和目的

为贯彻落实《废弃电器电子产品回收处理管理条例》（以下简称《条例》）关于"处理企业应当建立废弃电器电子产品的数据信息管理系统，向所在地的设区的市级人民政府环境保护主管部门报送废弃电器电子产品处理的基本数据和有关情况"的规定，指导和规范处理企业建立数据信息管理系统和报送信息，制定本指南。

二、建立数据信息管理系统的基本要求

数据信息管理系统应当跟踪记录废弃电器电子产品在处理企业内部运转的整个流程，包括记录每批废弃电器电子产品接收的时间、来源、类别、重量和数量；运输者的名称和地址；贮存的时间和地点；拆解处理的时间、类别、重量和数量；拆解产物（包括最终废弃物）的类别、重量或者数量以及去向等。

三、数据信息管理系统的基本内容

（一）基础信息

1．处理资格的信息。

2．各类废弃电器电子产品接收和处理流程图。

3．各类废弃电器电子产品及其拆解产物（包括最终废弃物）一览表，包括名称、贮存容器、包装物及计量单位等（见附一）。

处理企业应当在企业内部对所接收的废弃电器电子产品及其拆解产物确定唯一的编号（见附二），处理企业可根据自身实际情况扩充编号表内容。

废弃电器电子产品及其拆解产物的容器和包装物应当统一规范并设置相关标识。

废弃电器电子产品入库或接收，拆解产物（包括最终废弃物）出库或出厂时，应当称重。

4．拆解产物（包括最终废弃物）产生工序图。

5．拆解产物（包括最终废弃物）销售或委托处理合同。

6．废弃电器电子产品拆解处理的规章制度、工作流程和要求，如废弃电器电子产品及其拆解产物出入库的交接和登记等规定，拆解处理班组的工作制度等。

7．年度环境监测计划。

（二）基本记录信息

根据废弃电器电子产品的处理流程，在废弃电器电子产品的接收、贮存、处理，拆解产物的出入库和销售，最终废弃物的出入库等环节建立有关数据信息的基础记录表（生产日志）。有关基础记录表样式见附三。

有关记录要求分解落实到处理企业内部的运输、贮存（或物流）、拆解处理和安全环保等相关部门。各项记录应由相关经办人签字。各项记录的原始单据或凭证应当及时分类装订成册后存档，由专人管理，防止遗失，保存时间不得少于3年。

（三）汇总信息

拆解处理企业应当按日汇总拆解处理情况形成报表，包括废弃电器电子产品入库和出库记录报表，拆解处理记录报表，拆解产物（包括最终废弃物）出库和入库记录报表。报表样式见附四。

四、处理情况报告的基本要求和内容

（一）即时报告

1. 设备设施故障报告

废弃电器电子产品处理设施、贮存设施及相应的污染防治设施不能正常工作时，处理企业应当立即报告所在地县级以上地方环境保护主管部门。处理企业应当每日确认计量设备（如磅秤）、电表以及监控设备等是否运转正常，如不能正常工作超过 1 小时，应当立即报告所在地县级以上地方环境保护主管部门。

2. 突发环境事件报告

日常环境监测数据异常或发生突发环境事件时，处理企业应当立即启动污染防治应急预案并立即报告当地环境保护主管部门。

3．设备设施改造报告

处理设备、设施进行重大改造或对处理工艺流程进行重大调整时，应当及时上报当地环境保护主管部门。

（二）定期报告

处理企业应当将废弃电器电子产品入库和出库，拆解处理，拆解产物（包括最终废弃物）出库和入库等记录的日报表（见附四）于次日报市级环境保护主管部门；并根据环境保护主管部门的要求，定期（可按周、月、季或年）汇总废弃电器电子产品及其拆解产物（包括最终废弃物）处理情况并对贮存场地进行盘点，有关报表（见附五）定期上报。

处理企业日常环境监测数据应当按照所在地环境保护主管部门的要求定期上报。

所有书面报告，均应由处理企业法定代表人或其指定的负责人签字，并加盖公章。

环境保护部建立统一的废弃电器电子产品处理数据信息管理系统后，处理企业应当通过国家统一的数据信息管理系统填写并按日报送废弃电器电子产品入库和出库记录报表，拆解处理记录报表，拆解产物（包括最终废弃物）出库和入库记录报表。

附一：

废弃电器电子产品及其拆解产物（包括最终废弃物）一览表

编号	名称/描述	产生工序	产生源/车间	形态	贮存方式	计量单位	流向	委托或提供外单位利用/处置情况				上年度产生量
								企业名称及危险废物经营许可证号	合同号	联系人	联系方式	

编号	名称/描述	产生工序	产生源/车间	形态	贮存方式	计量单位	流向	委托或提供外单位利用/处置情况				上年度产生量
								企业名称及危险废物经营许可证号	合同号	联系人	联系方式	

单位负责人：（盖章）　　审核人：　　填报人：　　联系电话：　　填报日期：　年　月　日

注：1. 表头横线处填写企业名称；本表每年填写一张，不同工序产生同类别的拆解产品（包括最终废弃物），需分别记录以示区别。2. 形态指固态、半固态、液态或气态。3. 贮存方式指圆桶、编织袋贮存，或其他（请简要描述）。4. 流向：内部自行利用/处置的，填写"0"。委托或提供外单位利用/处置的，填写"1"；同时填写"委托或提供外单位利用/处置企业名称及危险废物经营许可证号"和"合同号"栏。最终废弃物不属于危险废物的，可不填写危险废物经营许可证号。5. 联系人及联系方式：填写拆解产物（包括最终废弃物）利用/处置单位的联系人及其联系方式。

附二:

编 号 表

编号由 3 部分组成：分别代表类别、子类和具体拆解产物（包括最终废弃物）的名称。如下所示：

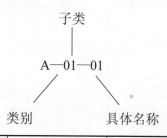

类 别	子类	具 体 名 称	编 号	备 注
A 废弃电器电子产品	01 电视机	CRT 黑白电视机	A-01-01	CRT：阴极射线管
		CRT 彩色电视机	A-01-02	
		背投电视机	A-01-03	
		液晶电视机	A-01-04	
		等离子电视机	A-01-05	
		其 他	A-01-06	用于接收信号并还原出图像及伴音的终端设备
	02 电冰箱	电冰箱	A-02-01	
		冰 柜	A-02-02	
		迷你电冰箱	A-02-03	
		其 他	A-02-04	具有制冷系统、消耗能量以获取冷量的隔热箱体

类　别	子类	具体名称	编　号	备　注
A 废弃电器电子产品	03 房间空调器	窗式空调器	A-03-01	
		柜式空调器	A-03-02	
		壁挂式空调	A-03-03	
		吊顶式空调	A-03-04	
		嵌入式空调	A-03-05	
	04 洗衣机	单缸洗衣机	A-04-01	包括迷你洗衣机、脱水机
		双缸洗衣机	A-04-02	
		全自动洗衣机	A-04-03	
		滚筒式洗衣机	A-04-04	
	05 微型计算机	分体式台式电脑	A-05-01	指电脑主机
		一体式台式电脑	A-05-02	
		键　盘	A-05-03	
		鼠　标	A-05-04	
		笔记本电脑	A-05-05	
		CRT 显示器	A-05-06	
		液晶显示器	A-05-07	
B 金属类	01 有色金属	铜及其合金	B-01-01	
		铝及其合金	B-01-02	
		锌及其合金	B-01-03	
		锡及其合金	B-01-04	
	02 黑色金属	铁及其合金	B-02-01	
	03 贵金属	贵金属富集物	B-03-01	包括金、银、钯、铟等

类　别	子类	具体名称	编　号	备　注
C 塑料类	01 热塑性塑料	聚乙烯（PE）	C-01-01	
		聚丙烯（PP）	C-01-02	电视机（收录机）壳体
	01 热塑性塑料	聚氯乙烯（PVC）	C-01-03	电缆包皮、绝缘层等
		聚苯乙烯（PS）	C-01-04	灯罩、透明窗；电工绝缘材料等
		ABS 塑料	C-01-05	冰箱衬里
		聚酰胺（PA）	C-01-06	尼龙 610、66、6 等，制造小型零件；芳香尼龙制作高温下耐磨的零件，绝缘材料等
		聚碳酸酯（PC）	C-01-07	垫圈、垫片、套管、电容器等绝缘件；仪表外壳、护罩
		聚四氟乙烯（PTFE）	C-01-08	
		聚甲基丙烯酸甲酯（PMMA）	C-01-09	电视的屏幕、仪器设备的防护罩等
	02 热固性塑料	酚醛塑料（PE）	C-02-01	插头、开关、电话机、仪表盒等
		环氧塑料（EP）	C-02-02	灌封电器、印刷线路等
	03 其他塑料	聚氨酯	C-03-01	
	04 混合塑料		C-04-01	指以上两种或两种以上塑料废物的混合物

类 别	子类	具 体 名 称	编 号	备 注
D 液态废物	01 液态废物	制冷剂	D-01-01	《制冷剂编号方法和安全性分类》见 GB 7778
		润滑油	D-01-02	危险废物类别：HW08
		废酸液	D-01-03	危险废物类别：HW34
E 玻璃类	01 玻璃类废物	CRT 黑白电视机玻璃	E-01-01	
		CRT 彩色电视机锥玻璃	E-01-02	危险废物类别：HW49
		CRT 彩色电视机屏玻璃	E-01-03	
		LCD 显示器玻璃	E-01-04	
		混合玻璃	E-01-05	指以上两种或两种以上玻璃废物的混合物。混有 CRT 彩色电视机锥玻璃的，作为危险废物管理。类别：HW49
		其他玻璃	E-01-06	
F 废弃零（部）件	01 废弃零（部）件	阴极射线管	F-01-01	危险废物类别：HW49 由彩色 CRT 电视机和电脑 CRT 显示器拆解产生

类　别	子类	具 体 名 称	编　号	备　注
F 废弃零（部）件	01 废弃零（部）件	线　圈	F-01-02	
		压缩机	F-01-03	
		电动机	F-01-04	
		电容器	F-01-05	
		电脑中央处理器（CPU）	F-01-06	
		内　存	F-01-07	
		硬　盘	F-01-08	
		印刷电路板	F-01-09	危险废物类别：HW49
		电　池	F-01-10	
		扬声器	F-01-11	
G 其他	01 其他	印刷电路板非金属组分	G-01-01	
		玻璃纤维	G-01-02	
		电线电缆	G-01-03	
		冰箱保温层材料	G-01-04	
		橡　胶	G-01-05	
		木　材	G-01-06	

附三：

基础记录表

表 3.1 废弃电器电子产品入库（接收）基础记录表

编号：

序号	名称	编号	货物来源	回收企业/出货单位或出货个人名称	入库日期（时间）	单价（元）	金额（元）	发票号	数量	重量	运输车型/车牌号	存放位置	关键部件检查	简要描述	交货人签字	交货人联系电话	收货人贮存部门经办人签字
1	电视机	A-01	企业回收	××回收公司	2010.4.1(13:30)	20	100	×××	5 台	50 kg	厢式货车/京A0007	A库03区	阴极射线管完好	12 寸	×××		×××
2	……																
3	……																

注：1.入库时间精确到分钟；运输工具需标明车辆类型及车牌号；将未填写的单元格划掉。

2.货物来源包括"以旧换新"、行政事业单位交投、社会回收、企业回收、电器电子产品生产企业残次品或报废品、个人交投及其他来源等。

编号：

表 3.2　废弃电器电子产品出库基础记录表

序号	名称	编号	出库日期（时间）	存放地点	废物状态	规格	数量	重量	废物去向	贮存部门经办人签字	废物运送部门/接收单位经办人（签字）
1	CRT彩色电视机	A-01-02	2010.4.2（13：00）	A库03区	裸机	21寸	20台	500 kg	作业班组1	×××	×××
2	……										
3	……										

编号：

表 3.3　废弃电器电子产品拆解产物（包括最终废弃物）入库基础记录表

序号	名称	编号	存放地点	来源	入库日期（时间）	数量/重量	贮存部门经办人签字	交货部门经办人签字
1	印刷电路板	F-01-09	B库03区	作业班组1	2010.4.2（08：30）	1t	×××	×××
2	……							
3	……							

编号：_____

表 3.4 废弃电器电子产品拆解产物（包括最终废弃物）出库（出厂）基础记录表

去向：资源化利用

序号	名称	编号	原存放地点	出厂日期（时间）	数量/重量	单价/（元/吨）	金额/元	发票号	运输车型/牌号	接收方	贮存部门经办人签字	收货经办人签字
1	印刷电路板	F-01-09	B库03区	2010.4.2（08：30）	1 t	3 000	3 000	×××	厢式货车/京A0007	×××废物处理公司	×××	×××
2	……											
3	……											

注：去向包括资源化利用、焚烧处置、填埋处置或其他。填写其他的，请简要描述等。

— 249 —

表 3.5 废弃电器电子产品拆解处理基础记录表 1
（以 CRT 彩色电视机为例）

编号：_____

名　称：<u>CRT 彩色电视机</u>　作业班组：__1__　作业日期：__年__月__日

规　格	数量	拆前重量
21 寸	50 台	1 000 千克
25 寸	20 台	600 千克
……		
小　计		
拆解产物名称	编号	重量
CRT 彩色电视机锥玻璃	E-01-02	800 千克
CRT 黑白电视机玻璃	E-01-01	……
印刷电路板	F-01-09	
铁及其合金	B-02-01	
铜及其合金	B-01-01	
铝及其合金	B-01-02	
锌及其合金	B-01-03	
压缩机	F-01-03	
电动机	F-01-04	
电容器	F-01-05	
扬声器	F-01-11	
塑料	……	
……		
总　计	—	

审核人：　　　记录人：　　　填表日期：　年　月　日

注：拆解处理不同种类的废弃电器电子产品，应分别填写记录表。拆解同一

　　种类，但规格不一样的，应分别注明不同规格的数量和重量。

表 3.6 废弃电器电子产品拆解处理基础记录表 2
（以 CRT 彩色电视机为例）

编号：_____

名　称：CRT 彩色电视机　作业班组：1　作业日期：___年___月___日

拆解数量（台）：_____70_____拆前重量（千克）：___1600___

序号	姓名/分工	计件数量			工资小计/元	备注
		规格	完成量/台	计件工资/元		
1	×××/×××	4～9 寸	······			
		12 寸				
		14 寸				
		17 寸				
		21 寸				
		······				
		小计				
2	×××/×××	4～9 寸	······			
		12 寸				
		14 寸				
		17 寸				
		21 寸				
		······				
		小计				
3	······					
合计	—	—				

审核人：　　　　记录人：　　　　　填表日期：　年　月　日

注：拆解处理不同种类的废弃电器电子产品，应分别填写记录表。CRT 黑白电
　　视机和 CRT 彩色电视机分别记录。班组以流水方式作业的，应注明各人的
　　分工。

表 3.7　废弃电器电子产品拆解处理：生产设备用电量记录表

编号：＿＿＿＿＿＿＿＿＿

设施名称：CRT 屏锥分离设备　　设施编号：＿＿×××＿＿

规格型号：加热带加热分离；　处理能力：10 台/分 ；　功率：2 千瓦

日　　期	操 作 时 间	电表读数	抄表时间	抄表人签字
月　　日	时　分— 时　分		时　　分	
……				

审核人：　　　　　　　　填表日期：　年　月　日

附四：

日 报 表

表 4.1 废弃电器电子产品入库出库日报表

填报单位：（盖章）   日期：＿年＿月＿日   编号：＿＿＿＿

名 称	前日存量		本日入库（进厂）			本日处理（出库）			本日结存		备注
	台	吨	台	吨	基础记录表号 段	台	吨	基础记录表号 段	台	吨	
CRT 黑白电视机	600	××	100	××	××－××	200	××	××－××	500	××	
CRT 彩色电视机	……										
电冰箱											
洗衣机											
房间空调器											
微型计算机											
合 计											

单位负责人（盖章）：   审核人：   填报人：   填表日期：＿年＿月＿日

表 4.2 废弃电器电子产品拆解产物（包括最终废弃物）入库出库日报表

填报单位：（盖章）

日期：＿＿年＿＿月＿＿日　　　　　编号：＿＿＿＿

名　称	编号	前日存量		本 日 入 库		本 日 出 库（出厂）		本日结存	备注
		吨		基础记录表号段	吨	基础记录表号段	吨	吨	
CRT彩色电视机锥玻璃	E-01-02	1		××—××	0.5	××—××	0	1.5	
……	……								

审核人：　　　　　　填报人：　　　　　　填表日期：　　年　　月　　日

单位负责人（盖章）：

表 4.3 视频监控系统运行情况日报表

填报单位：（盖章）

日期：＿＿年＿＿月＿＿日　　　　　　编号：＿＿＿＿

监控系统是否正常：	（1）检查时间：上午8：00　□是　□否　　（2）检查时间：下午17：00　□是　□否
备注：	

审核人：　　　　　　填报人：　　　　　　填表日期：　　年　　月　　日

单位负责人（盖章）：

表 4.4 废弃电器电子产品（如 CRT 彩色电视机）关键拆解产物日报表

填报单位：（盖章）　　　　　　　日期：＿＿＿＿年＿＿＿＿月＿＿＿日

编号：＿＿＿＿＿＿＿＿＿＿＿＿

项　目	规　格	数量/台	重量/吨	备　注
CRT 彩色电视机拆解量	21 寸	500	10	
	……			
	……			
	合　计			
关键拆解产物产生量	CRT 彩色电视机锥玻璃	—	5	
	印刷电路板	—	……	
	合　计	—		
CRT 彩色电视机锥玻璃占拆解总重比例/%		50		
印刷电路板占拆解总重比例/%		……		
关键拆解产物处理量	CRT 彩色电视机锥玻璃	—	5	出售给玻壳生产企业利用
	印刷电路板	—	……	……
	合　计	—		

单位负责人（盖章）：　　　　　审核人：　　　　　　填报人：

填表日期：　年　月　日

产　品　名　称	关　键　拆　解　产　物
CRT 黑白电视机	CRT 玻璃、印刷电路板
CRT 彩色电视机	CRT 锥玻璃、印刷电路板
电冰箱	保温层材料、压缩机
洗衣机	电动机
电脑显示器	CRT 锥玻璃、印刷电路板
电脑主机	印刷电路板

注：关键拆解产物表

表 4.5 废弃电器电子产品拆解处理日报表

填报单位：（盖章）　　日期：___年___月___日　　编号：_____

拆前重量：_____（千克）

序号	名　称	作业班组	完成量/台	计件工资/元	基础记录表号段	备注
1	CRT 彩色电视机	×××				
		×××				
		……				
		小计				
2	CRT 黑白电视机	×××				
		×××				
		……				
		小计				
3	电冰箱	×××				
		×××				
		……				
		小计				

序号	名　称	作业班组	完成量/台	计件工资/元	基础记录表号段	备注
4	洗衣机	×××				
		×××				
		……				
		小计				
5	房间空调器	×××				
		×××				
		……				
		小计				
6	微型计算机	×××				
		×××				
6	微型计算机	……				
		小计				

单位负责人（盖章）：　　审核人：　　填报人：　　填表日期：　年　月　日

注：拆解种类不同的废弃电器电子产品，应分别填写（CRT 黑白电视机和 CRT
　　彩色电视机分别记录）。班组以流水方式作业的，应注明各人的分工。

附五：

报　表

表 5.1　废弃电器电子产品处理情况报表

填报单位：（盖章）

报表时段：___年__月__日—__月__日　　　　　　　编号：_____

项　目	本时段内接收数量		本时段内拆解处理数量		累计接收数量		累计拆解处理数量		目前库存数量	
	台	吨	台	吨	台	吨	台	吨	台	吨
CRT 黑白电视机										
CRT 彩色电视机										
电冰箱										
洗衣机										
房间空调器										
微型计算机										
合　计										

单位负责人（盖章）：　　审核人：　　填报人：　　填表日期：　年　月　日

表 5.2　废弃电器电子产品拆解产物报表

填报单位：（盖章）

报表时段：_____年_____月_____日—_____月_____日

编号：_____

名　　　称			本时段产生量/吨	本时段处理量/吨	累计产生总量/吨	累计处理总量/吨	目前库存量/吨
金属类	铜及其合金	B-01-01					
	铝及其合金	B-01-02					
	铁及其合金	B-02-01					
	……	……					
金属类小计							
塑料类	PP	C-01-02					
	PVC	C-01-03					
	PS	C-01-04					
	……	……					
塑料类小计							
液态废物	制冷剂	D-01-01					
	润滑油	D-01-02					
	……	……					
液态废物小计							

名　　　称		本时段产生量/吨	本时段处理量/吨	累计产生总量/吨	累计处理总量/吨	目前库存量/吨
玻璃类	CRT彩色电视机锥玻璃　E-01-02					
	CRT彩色电视机屏玻璃　E-01-03					
	……　……					
玻璃类小计						
废弃零（部）件	压缩机　F-01-03					
	电动机　F-01-04					
	印刷电路板　F-01-09					
	……　……					
废弃零（部）件小计						
其他	电线电缆　G-01-03					
	……　……					
其他小计						
总　　　计						

单位负责人（盖章）：　　审核人：　　填报人：　　填表日期：　年　月　日

表 5.3　贮存场地盘点情况报表

填报单位：（盖章）

报表时段：_____年___月___日—___月___日

编号：_____

序号	废物名称	编　号	前期库存		本期入库		本期出库		本期库存		备注
			台	吨	台	吨	台	吨	台	吨	
1	CRT 黑白电视机	A-01-01	100	1	50	0.5	100	1	50	0.5	
2	CRT 彩色电视机	A-01-02									
3	电冰箱	A-02									
4	洗衣机	A-03									
5	房间空调器	A-04									
6	微型计算机	A-05									
7	CRT 彩色电视机锥玻璃	E-01-02									
8	印刷电路板	F-01-09									
9	……										

单位负责人（盖章）：　　审核人：　　填报人：　　填表日期：　年　月　日

关于进一步明确废弃电器电子产品处理基金征收产品范围的通知

财综〔2012〕80 号

各省、自治区、直辖市财政厅（局）、国家税务局：

根据《财政部　环境保护部　国家发展改革委　工业和信息化部　海关总署　国家税务总局关于印发〈废弃电器电子产品处理基金征收使用管理办法〉的通知》（财综〔2012〕34 号）的规定，现就国家税务局对电器电子产品生产者征收废弃电器电子产品处理基金（以下简称基金）的产品范围通知如下：

一、纳入基金征收范围的电视机，是指含有电视调谐器（高频头）的用于接收信号并还原出图像及伴音的终端设备，包括阴极射线管（黑白、彩色）电视机、液晶电视机、等离子电视机、背投电视机以及其他用于接收信号并还原出图像及伴音的终端设备。

二、纳入基金征收范围的电冰箱，是指具有制冷系统、消耗能量以获取冷量的隔热箱体，包括各自装有单独外门的冷藏冷冻箱（柜）、容积≤500 升的冷藏箱（柜）、制冷温度＞−40℃且容积≤500升的冷冻箱（柜），以及其他具有制冷系统、消耗能量以获取冷量的隔热箱体。

对上述产品中分体形式的设备，按其制冷系统设备的数量计征基金。对自动售货机、容积＜50升的车载冰箱以及不具有制冷系统的柜体，不征收基金。

三、纳入基金征收范围的洗衣机，是指干衣量≤10 kg的依靠机械作用洗涤衣物（含兼有干衣功能）的器具，包括波轮式洗衣机、滚筒式洗衣机、搅拌式洗衣机、脱水机以及其他依靠机械作用洗涤衣物（含兼有干衣功能）的器具。

四、纳入基金征收范围的房间空调器，是指制冷量≤14 000 W（12046 大卡/时）的房间空气调节器具，包括整体式空调（窗机、穿墙机、移动式等）、分体形式空调（分体壁挂、分体柜机、一拖多、单元式空调器等）以及其他房间空气调节器。

对分体形式空调器，按室外机的数量计征基金。对不具有制冷系统的空气调节器，不征收基金。

五、纳入基金征收范围的微型计算机，是指接口类型仅包括VGA（模拟信号接口）、DVI（数字视频接口）或HDMI（高清晰多媒体接口）的台式微型计算机的显示器、主机和显示器一体形式的台式微型计算机、便携式微型计算机（含笔记本电脑、平板电脑、掌上电脑）以及其他信息事务处理实体。

六、本通知自2012年7月1日起执行。

财政部　国家税务总局

2012年10月15日

关于完善废弃电器电子产品处理基金等政策的通知

财综〔2013〕110号

各省、自治区、直辖市、计划单列市财政厅（局）、环境保护厅（局）、发展改革委、工业和信息化主管部门：

促进废弃电器电子产品处理的规模化、产业化、专业化发展，提升行业技术装备水平，推动优质废弃电器电子产品处理企业（以下简称处理企业）做大做强，淘汰落后处理企业，根据《财政部 环境保护部 国家发展改革委 工业和信息化部 海关总署 国家税务总局关于印发〈废弃电器电子产品处理基金征收使用管理办法〉的通知》（财综〔2012〕34号）等规定，现就有关事项通知如下：

一、将已建成的优质处理企业纳入基金补贴范围

优质处理企业是指再生资源利用领域全国性龙头企业和电器电子产品生产大型骨干企业设立的处理企业，并具备下列条件：（一）具有国内领先水平的废弃电器电子产品拆解处理技术设备，具备持续的技术设备研发和创新能力；（二）具有废弃电器电子产品的无害化资源化深度处理能力，资源回收利用率和附加值高；（三）废弃电器电子产品处理的环境污染控制标准高；（四）企业管理规范，有完善的废弃电器电子产品回收处理信息管理系统，内部控制制度有效；
（五）有稳定的废弃电器电子产品回收渠道；（六）企业诚信度高，
社会信誉良好。

本通知发布前已建成但尚未纳入相关省（区、市）废弃电器电
子产品处理发展规划（以下简称规划）的优质处理企业，可以向设
区的市级环保部门申请废弃电器电子产品处理资格，并向财政部、
环境保护部、发展改革委、工业和信息化部申请废弃电器电子产品
处理基金（以下简称基金）补贴。

设区的市级环保部门对提出申请的优质处理企业资质情况进行
审查，对符合条件的颁发废弃电器电子产品处理资格证书。财政部
会同环境保护部、发展改革委、工业和信息化部对提出基金补贴申
请的优质处理企业相关条件进行审核，并组织专家进行现场核查，
对达到合格标准的，纳入基金补贴范围。

二、调整完善各省（区、市）废弃电器电子产品处理发展规划

对获得基金补贴的优质处理企业，由相关省（区、市）环保部
门会同有关部门将其纳入本地区规划。本通知发布后新设立的优质
处理企业申请废弃电器电子产品处理资格和基金补贴，必须先符合
各省（区、市）规划的要求。

严格控制处理企业规划数量，优化处理企业结构。除将已获得
基金补贴的优质处理企业纳入规划外，本通知发布前已经环境保护
部备案的各省（区、市）废弃电器电子产品处理企业规划数量不再
增加。各省（区、市）环保部门要会同有关部门通过修订本地区规

划，淘汰技术设备落后、不符合环保要求、资源综合利用率低、缺乏诚信和管理混乱的企业，并将优质处理企业纳入规划。

合理核定处理企业的处理能力。设区的市级环保部门要切实规范废弃电器电子产品处理资格审查和许可管理，根据处理企业配备的关键处理设备（如 CRT 切割机）台数、以每天 8 小时工作时间为标准，并区分废弃电器电子产品类别，科学合理核定处理企业的处理能力，确保真实准确，不得虚增处理能力。凡不符合上述要求的，设区的市级环保部门要重新核定处理企业的处理能力，并按规定对其换发废弃电器电子产品处理资格证书。各省（区、市）环保部门要督促和指导设区的市级环保部门做好处理能力核定工作，并于 2014 年 1 月 20 日前将重新核定后的本地区处理企业的处理能力报环境保护部和财政部备案。

三、明确基金补贴企业退出规定

各级环保部门要会同有关部门通过现场检查、驻厂监管、重点抽查、委托专业机构审核、信息系统实时监控等方式，加强对处理企业拆解处理废弃电器电子产品的审核和环境执法监督。财政部会同环境保护部、发展改革委、工业和信息化部对处理企业进行综合评估。在审核监督和综合评估中发现处理企业有下列情形之一的，取消给予基金补贴的资格，并从相关省（区、市）规划中剔除：（一）存在违法经营行为的；（二）以虚报、冒领等手段骗取基金补贴的；（三）非法利用处置废弃电器电子产品拆解产物的；（四）自 2014 年起，经各级环保部门审核确认的废弃电器电子产品不规范拆解处理数量占其申报拆解处理总量连续两年超过 5%的；（五）自 2014 年起，各类废弃电器电子产品年实际拆解处理量低于许可处理能力的20%的，以及资源产出率低于 40%的。

四、全面公开废弃电器电子产品处理信息

各省（区、市）环保部门要在政府网站显著位置公开本地区处理企业规划数量、名称、处理设施地址、处理的废弃电器电子产品类别和能力等；按季度公开本地区处理企业完成拆解处理的废弃电器电子产品种类、数量，以及拆解产物和最终废弃物利用处置情况；及时公开本地区废弃电器电子产品拆解处理的环保核查和数量审核情况，以及处理企业接受基金补贴情况。环境保护部要在政府网站显著位置公开各省（区、市）处理企业规划数量、名称、布局、处理能力等；按季度公开各省（区、市）处理企业完成拆解处理的废弃电器电子产品种类、数量及审核情况；及时公开各省（区、市）处理企业接受基金补贴情况等。通过提高废弃电器电子产品处理信息透明度，更好地接受社会公众监督，营造公平市场环境，增强行业发展的自律性，促进行业持续健康发展。

财政部　环境保护部
发展改革委　工业和信息化部
2013 年 12 月 2 日

第五部分

发 展 规 划

废弃电器电子产品处理发展规划编制指南

环境保护部公告 2010 年　第 82 号

一、依据和目的

为贯彻落实《废弃电器电子产品回收处理管理条例》（以下简称《条例》）关于"省级人民政府环境保护主管部门会同同级资源综合利用、商务、工业信息产业主管部门编制本地区废弃电器电子产品处理发展规划"的规定，指导各地区编制废弃电器电子产品处理发展规划（以下简称"规划"），提高规划编制的规范性和科学性，制定本指南。

二、原则要求

规划应当落实《条例》关于国家对废弃电器电子产品实行集中处理制度的要求，促进本地区废弃电器电子产品处理产业规范发展。

三、基本框架

（一）总则

1. 规划依据

列举但不限于以下依据：各省（区、市）国民经济和社会发展中长期规划，《固体废物污染环境防治法》、《条例》，《危险废物经营许可证管理办法》、《电子废物污染环境防治管理办法》等国家相关政策法规和标准规范，国家及本地区环境保护规划、再生资源回收处理规划等。

2．规划原则

统筹规划，合理布局；因地制宜，集中处理。

3．规划范围

以省（区、市）为单元进行规划。

鼓励跨省（区、市）开展区域联合规划。

4．规划年限

原则上，以五年为一个规划期，如 2011—2015 年。

（二）现状和问题

1．区域基本情况

本地区域概况、自然环境和社会经济发展概况。包括：地域、面积、人口、社会经济、城镇、交通运输等。

本地区电器电子产品生产消费基本状况。包括：生产量、消费量、城镇/农村居民百户拥有量等。

2．前期规划执行情况

对照前期规划的目标和主要任务，对完成情况和实施效果进行总结。如编制 2016—2020 年规划时，应对 2011—2015 年规划实施情况进行总结。

3．废弃电器电子产品回收处理现状

（1）废弃电器电子产品产生现状。包括各类废弃电器电子产品的数量、地域分布状况、跨区域流动状况、产生源状况（家庭或企事业单位）。

（2）废弃电器电子产品回收现状。包括回收渠道现状和特点，回收网点建设和运行情况。

（3）废弃电器电子产品处理现状。包括处理企业、处理设施的数量及其分布，处理企业技术人员数量，相关处理技术和处理设备水平，各类废弃电器电子产品的设计处理能力（台/年）、实际处理量、处理能力利用率、处理成本等。

（4）问题分析。对现行废弃电器电子产品回收处理方式、处理设备运行状况及回收处理管理体制等进行分析，提出改进建议及措施。

4．主要经验、存在的问题及其原因

简述本地区废弃电器电子产品回收处理的主要经验。简述并分析目前存在的主要问题及其原因，并以典型事例加以说明。结合废弃电器电子产品回收处理的要求和问题，在把握和确定回收处理目标和需求等方面提出建议。

（三）需求预测

以至少过去5年（如2005—2009年）的数据为基础对以下内容进行分析预测（家电"以旧换新"政策最大限度促进了废旧家电的集中回收和处理，有关试点省市废旧家电回收的统计数据见附录，可供参考）：

1．各类废弃电器电子产品产生量、回收量预测。

2．各类废弃电器电子产品处理能力需求预测。

3．各类废弃电器电子产品回收网点建设需求预测。

（四）目标任务

科学合理确定各类废弃电器电子产品回收处理量，总体处理能力，处理企业数量、结构、规模和建设布局，处理技术与设备的发展，回收网点建设等目标任务。

考虑到废弃电器电子产品的数量有限，根据家电"以旧换新"工作的经验，各省（区、市）应严格控制处理企业数量。

（五）实施计划

从年度安排、部门职责、分级落实、考核指标等方面提出规划实施安排的意见。

（六）保障措施

结合本地实际，从加强组织领导、完善政策措施、加强技术支撑、强化环境监管、加大宣传教育等方面提出保障规划顺利实施的措施。

四、编制步骤

（一）前期准备工作

1．成立规划编制领导小组和工作小组

规划编制领导小组由省级人民政府环境保护主管部门会同同级人民政府资源综合利用、商务、工业和信息化主管部门组成。成员包括主要负责同志和具体承办同志。

规划编制工作小组由熟悉本地区废弃电器电子产品回收处理

工作的管理人员，长期从事电器电子产品生产，废弃电器电子产品回收处理，以及相关协会和环境保护领域等方面的专业人员和专家组成。

2．制定工作方案

制订详细周密的工作方案，确保规划编制工作有条不紊地进行。

3．资料收集、调查和分析评估

收集和调查有关废弃电器电子产品回收处理的相关政策法规、标准规范；国内外各类废弃电器电子产品处理技术和设备发展现状和趋势；本辖区和周边地区内各类废弃电器电子产品跨区流动和回收处理的现状及趋势等资料，并进行分析评估。

（二）起草规划

规划编制工作小组在规划编制领导小组的指导下，可先编制规划大纲；依据规划大纲，起草规划。

（三）专家评估

邀请相关专业人员和专家，对规划的科学性和可行性等进行论证评估。

（四）公开征求社会意见

通过政府网络、报刊等，将规划向社会公开征求意见，并进一步修改完善。

（五）报省级人民政府有关部门审查

将规划报送省级人民政府环境保护主管部门会同同级资源综合利用、商务、工业和信息化主管部门审查。

（六）报环境保护部审定备案

省级人民政府环境保护主管部门依法将规划报环境保护部审定备案。

（七）发布实施

省级人民政府环境保护主管部门会同同级资源综合利用、商务、工业和信息化主管部门在本辖区内发布规划并实施。

五、规划文本格式要求

规划文本应规范，表述简洁、准确，利于阅读和审查。

（一）文本要求

1. 封面

标题、单位名称、规划编号、实施日期（修订日期）、签发人（签字）、公章。

2. 目录

3. 引言、概况

4. 术语、符号和代号

5. 规划正文

6. 附录

7. 附加说明

（二）文本格式

1. 使用 A4 白色胶版纸。

2. 正文采用仿宋 4 号字，1.25 倍行间距，两端对齐。

附录：

家电"以旧换新"首批试点省市销售回收
统计数据（2009 年 8 月—2010 年 5 月）

单位：万台

首批试点 省市	电视机	电冰箱	洗衣机	空 调	电 脑	合 计
北京市	78.0	13.0	20.3	2.2	9.6	123.1
天津市	38.5	4.3	7.3	0.5	2.9	53.4
上海市	233.6	7.1	10.8	1.1	7.6	260.3
江苏省	321.1	13.5	29.9	1.9	7.7	374.2
浙江省	175.9	7.0	9.2	0.7	16.9	209.6
福州市	29.4	0.9	1.9	0.1	0.5	32.9
山东省	180.7	11.8	17.7	0.8	8.6	219.6
长沙市	24.0	1.4	2.5	0.3	0.2	28.4
广东省	125.2	14.6	26.4	6.5	5.4	178.1
合 计	1206.3	73.7	126.1	14.2	59.4	1479.6

关于组织编制废弃电器电子产品处理
发展规划（2011—2015）的通知

环办〔2010〕135 号

各省、自治区、直辖市环境保护厅（局）、发展改革委、工业和信息
化主管部门、商务主管部门：

为贯彻落实《废弃电器电子产品回收处理管理条例》（以下简称
《条例》），指导各省（区、市）科学合理规划和发展废弃电器电子
产品处理产业，规范废弃电器电子产品处理活动，促进资源综合利
用和循环经济发展，保护环境，保障人体健康，现就有关工作提出
以下意见：

一、**抓紧开展规划编制工作**。编制废弃电器电子产品处理发展
规划（以下简称"规划"）是落实《条例》的一项重要工作，对于促
进和规范本辖区废弃电器电子产品处理产业发展具有重要的指导意
义。各省（区、市）环境保护主管部门要会同同级资源综合利用、
商务、工业和信息化主管部门抓紧开展规划编制工作，明确本辖区
废弃电器电子产品处理产业发展的总体思路、目标、原则、工作重
点和相关的政策措施。规划编制应当充分听取电器电子产品生产企

业、回收企业、处理企业、有关行业协会及专家的意见，并公开征求社会意见。

二、合理确定发展目标。各地要深入实际开展调查研究，摸清本地区废弃电器电子产品产生、回收、处理等基本情况，全面掌握处理能力、技术和污染防治水平，科学测算可能的废弃量及其趋势，分析其跨区域流动情况。在此基础上，组织专家充分论证，本着"立足当前、着眼长远、因地制宜、突出重点"的原则，合理确定发展目标，包括对处理企业数量、结构和规模进行统筹规划，合理布局，保证足够的处理能力。同时，要避免处理企业一哄而起，造成处理能力总量过剩和结构性过剩。对处理能力过剩的地区，不得新增处理能力和企业。

三、引导处理产业健康发展。要充分发挥规划的宏观调控和指导作用，引导和促进处理产业向规范化、规模化、产业化方向发展。鼓励采用特许经营的模式发展处理产业。鼓励生产企业通过与处理企业合作等方式回收处理废弃电器电子产品。鼓励分工合作，跨区域开展精深加工，形成合理的废弃电器电子产品处理产业链。坚决淘汰和取缔落后的污染严重的处理设施和能力。对电子废物环境污染突出的地区，经省级人民政府批准，设立废弃电器电子产品集中处理场的，应当本着"疏堵结合"的原则加强综合治理，加快实现产业升级。处理企业应当遵循市场规律，选择合适的发展模式，有条件的，鼓励对废弃电器电子产品进行完全拆解和完全深度处理。按照《条例》要求，废弃电器电子产品实行集中处理制度，禁止分散处理。

四、发展适宜的处理技术和装备。要发挥我国劳动力资源丰富的优势，完善处理工艺规范和标准，发展适合我国国情的处理技术和装备。对手工拆解劳动强度大，存在健康和安全风险，以及难以实现资源化利用的，鼓励采用工业化设施和设备进行处理。鼓励国内装备制造企业加强废弃电器电子产品处理技术创新。

五、稳步推进回收网点建设。地方人民政府应当结合再生资源回收体系建设工作，将废弃电器电子产品回收处理基础设施建设纳入城乡规划。发挥专业回收公司作用，完善基层回收网络，培育龙头企业。进一步延伸电器电子产品生产和流通企业责任，与专业回收公司共同做好废弃电器电子产品的回收工作。

六、推动规划落实。各省级环境保护主管部门要加强与发展改革、商务、工业和信息化主管部门的沟通，建立工作协调机制，明确责任和分工，有效推动规划的实施。建立信息公开制度，及时统计、分析和发布废弃电器电子产品处理信息，包括废弃量预测、处理能力利用率、处理行业盈利变化等信息，加强对市场的引导。加强监管能力建设，健全监管手段，完善监管措施，强化执法监督，对弄虚作假、污染环境、违反法律法规的处理企业，要依法依规予以处罚，并在一定时间内限制其处理活动。加强对电子废物环境污染突出地区的监督检查，落实地方政府责任。

七、加强宣传教育。废弃电器电子产品回收处理涉及电器电子产品生产企业、销售企业、回收和处理企业以及消费者等方方面面，要通过广播、电视、网络等媒体加强宣传教育，充分营造社会氛围，树立"人人有责，全社会参与"的观念。对主动承担废弃电器电子产品回收处理责任的生产企业，要予以宣传表彰。

各地要在 2010 年 11 月 30 日前，将规划报送环境保护部备案。

二〇一〇年九月二十七日

第六部分

处理资格许可

中华人民共和国环境保护部令

第 13 号

  《废弃电器电子产品处理资格许可管理办法》已由环境保护部 2010 年第二次部务会议于 2010 年 11 月 5 日审议通过。现予公布，自 2011 年 1 月 1 日起施行。

环境保护部部长

二〇一〇年十二月十五日

废弃电器电子产品处理资格许可管理办法

第一章 总 则

第一条 为了规范废弃电器电子产品处理资格许可工作，防止废弃电器电子产品处理污染环境，根据《中华人民共和国行政许可法》、《中华人民共和国固体废物污染环境防治法》、《废弃电器电子产品回收处理管理条例》，制定本办法。

第二条 本办法适用于废弃电器电子产品处理资格的申请、审批及相关监督管理活动。

本办法所称"废弃电器电子产品"，是指列入国家发展和改革委员会、环境保护部、工业和信息化部发布的《废弃电器电子产品处理目录》的产品。

第三条 国家对废弃电器电子产品实行集中处理制度，鼓励废弃电器电子产品处理的规模化、产业化、专业化发展。

省级人民政府环境保护主管部门应当会同同级人民政府相关部门编制本地区废弃电器电子产品处理发展规划，报环境保护部备案。

编制废弃电器电子产品处理发展规划应当依照集中处理的要求，合理布局废弃电器电子产品处理企业。

废弃电器电子产品处理发展规划应当根据本地区经济社会发

展、产业结构、处理企业变化等有关情况，每五年修订一次。

第四条　处理废弃电器电子产品，应当符合国家有关资源综合利用、环境保护、劳动安全和保障人体健康的要求。

禁止采用国家明令淘汰的技术和工艺处理废弃电器电子产品。

第五条　设区的市级人民政府环境保护主管部门依照本办法的规定，负责废弃电器电子产品处理资格的许可工作。

第六条　县级以上人民政府环境保护主管部门依照《废弃电器电子产品回收处理管理条例》和本办法的有关规定，负责废弃电器电子产品处理的监督管理工作。

第二章　许可条件和程序

第七条　申请废弃电器电子产品处理资格的企业应当依法成立，符合本地区废弃电器电子产品处理发展规划的要求，具有增值税一般纳税人企业法人资格，并具备下列条件：

（一）具备与其申请处理能力相适应的废弃电器电子产品处理车间和场地、贮存场所、拆解处理设备及配套的数据信息管理系统、污染防治设施等；

（二）具有与所处理的废弃电器电子产品相适应的分拣、包装设备以及运输车辆、搬运设备、压缩打包设备、专用容器及中央监控设备、计量设备、事故应急救援和处理设备等；

（三）具有健全的环境管理制度和措施，包括对不能完全处理的废弃电器电子产品的妥善利用或者处置方案，突发环境事件的防范措施和应急预案等；

（四）具有相关安全、质量和环境保护的专业技术人员。

第八条　申请废弃电器电子产品处理资格的企业，应当向废弃电器电子产品处理设施所在地设区的市级人民政府环境保护主管部门提交书面申请，并提供相关证明材料。

第九条　设区的市级人民政府环境保护主管部门应当自受理申请之日起 3 个工作日内对申请的有关信息进行公示，征求公众意见。公示期限不得少于 10 个工作日。

对公众意见，受理申请的环境保护主管部门应当进行核实。

第十条　设区的市级人民政府环境保护主管部门应当自受理申请之日起 60 日内，对企业提交的材料进行审查，并组织进行现场核查。对符合条件的，颁发废弃电器电子产品处理资格证书，并予以公告；不符合条件的，书面通知申请企业并说明理由。

第十一条　废弃电器电子产品处理资格证书包括下列主要内容：

（一）法人名称、法定代表人、住所；

（二）处理设施地址；

（三）处理的废弃电器电子产品类别；

（四）主要处理设施、设备及运行参数；

（五）处理能力；

（六）有效期限；

（七）颁发日期和证书编号。

废弃电器电子产品处理资格证书格式，由环境保护部统一规定。

第十二条　废弃电器电子产品处理企业变更法人名称、法定代表人或者住所的，应当自工商变更登记之日起 15 个工作日内，向原发证机关申请办理废弃电器电子产品处理资格变更手续。

第十三条　有下列情形之一的，废弃电器电子产品处理企业应当按照原申请程序，重新申请废弃电器电子产品处理资格：

（一）增加废弃电器电子产品处理类别的；

（二）新建处理设施的；

（三）改建、扩建原有处理设施的；

（四）处理废弃电器电子产品超过资格证书确定的处理能力 20%以上的。

第十四条　废弃电器电子产品处理发展规划修订后，原发证机关应当根据本地区经济社会发展、废弃电器电子产品处理市场变化等有关情况，对拟继续从事废弃电器电子产品处理活动的企业进行审查，符合条件的，换发废弃电器电子产品处理资格证书。

第十五条　废弃电器电子产品处理企业拟终止处理活动的，应当对经营设施、场所采取污染防治措施，对未处置的废弃电器电子产品作出妥善处理，并在采取上述措施之日起 20 日内向原发证机关提出注销申请，由原发证机关进行现场核查合格后注销其废弃电器电子产品处理资格。

终止废弃电器电子产品处理活动的企业，应当对其经营设施、场所进行环境调查与风险评估；经评估需要治理修复的，应当依法承担治理修复责任。

第十六条 禁止无废弃电器电子产品处理资格证书或者不按照废弃电器电子产品处理资格证书的规定处理废弃电器电子产品。

禁止将废弃电器电子产品提供或者委托给无废弃电器电子产品处理资格证书的单位和个人从事处理活动。

禁止伪造、变造、转让废弃电器电子产品处理资格证书。

第三章 监督管理

第十七条 设区的市级人民政府环境保护主管部门应当于每年3月31日前将上一年度废弃电器电子产品处理资格证书颁发情况报省级人民政府环境保护主管部门备案。

省级以上人民政府环境保护主管部门应当加强对设区的市级人民政府环境保护主管部门审批、颁发废弃电器电子产品处理资格证书情况的监督检查，及时纠正违法行为。

第十八条 县级以上地方人民政府环境保护主管部门应当通过书面核查和实地检查等方式，加强对废弃电器电子产品处理活动的监督检查，并将监督检查情况和处理结果予以记录，由监督检查人员签字后归档。

公众可以依法向县级以上地方人民政府环境保护主管部门申请公开监督检查的处理结果。

第十九条 废弃电器电子产品处理企业应当制定年度监测计

划，对污染物排放进行日常监测。监测报告应当保存 3 年以上。

县级以上地方人民政府环境保护主管部门应当加强对废弃电器电子产品处理企业污染物排放情况的监督性监测。监督性监测每半年不得少于 1 次。

第二十条 废弃电器电子产品处理企业应当建立数据信息管理系统，定期向发证机关报送废弃电器电子产品处理的基本数据和有关情况，并向社会公布。有关要求由环境保护部另行制定。

第四章 法律责任

第二十一条 废弃电器电子产品处理企业有下列行为之一的，由县级以上地方人民政府环境保护主管部门责令停止违法行为，限期改正，处 3 万元以下罚款；逾期未改正的，由发证机关收回废弃电器电子产品处理资格证书：

（一）不按照废弃电器电子产品处理资格证书的规定处理废弃电器电子产品的；

（二）未按规定办理废弃电器电子产品处理资格变更、换证、注销手续的。

第二十二条 废弃电器电子产品处理企业有下列行为之一的，除按照有关法律法规进行处罚外，由发证机关收回废弃电器电子产品处理资格证书：

（一）擅自关闭、闲置、拆除或者不正常使用污染防治设施、场所的，经县级以上人民政府环境保护主管部门责令限期改正，逾期未改正的；

（二）造成较大以上级别的突发环境事件的。

第二十三条　废弃电器电子产品处理企业将废弃电器电子产品提供或者委托给无废弃电器电子产品处理资格证书的单位和个人从事处理活动的，由县级以上地方人民政府环境保护主管部门责令停止违法行为，限期改正，处 3 万元以下罚款；情节严重的，由发证机关收回废弃电器电子产品处理资格证书。

第二十四条　伪造、变造废弃电器电子产品处理资格证书的，由县级以上地方人民政府环境保护主管部门收缴伪造、变造的处理资格证书，处 3 万元以下罚款；构成违反治安管理行为的，移送公安机关依法予以治安管理处罚；构成犯罪的，移送司法机关依法追究其刑事责任。

倒卖、出租、出借或者以其他形式非法转让废弃电器电子产品处理资格证书的，由县级以上地方人民政府环境保护主管部门责令停止违法行为，限期改正，处 3 万元以下罚款；情节严重的，由发证机关收回废弃电器电子产品处理资格证书；构成犯罪的，移送司法机关依法追究其刑事责任。

第二十五条　违反本办法的其他规定，按照《中华人民共和国固体废物污染环境防治法》、《废弃电器电子产品回收处理管理条例》以及其他相关法律法规的规定进行处罚。

第五章　附　则

第二十六条　本办法施行前已经从事废弃电器电子产品处理活动的企业，应当于本办法施行之日起 60 日内，向废弃电器电子产品处理设施所在地设区的市级人民政府环境保护主管部门提交废弃电器电子产品处理资格申请；逾期不申请的，不得继续从事废弃电器电子产品处理活动。

第二十七条　本办法自 2011 年 1 月 1 日起施行。

废弃电器电子产品处理企业资格
审查和许可指南

环境保护部公告 2010 年 第 90 号

一、依据和目的

为贯彻落实《中华人民共和国固体废物污染环境防治法》、《废弃电器电子产品回收处理管理条例》、《废弃电器电子产品处理资格许可管理办法》，指导和规范地方人民政府环境保护主管部门对申请废弃电器电子产品处理资格（以下简称"处理资格"）企业的审查和许可工作，制定本指南。

二、适用范围

本指南针对列入《目录（第一批）》的产品，即电视机、电冰箱、洗衣机、房间空调器、微型计算机而制定。

处理未列入《目录》的废弃电器电子产品及其他电子废物的单位，应当依据《电子废物污染环境防治管理办法》（原环境保护总局令 第 40 号），申请列入电子废物拆解利用处置单位（包括个体工商户）名录（包括临时名录）。

废弃电器电子产品拆解处理产生危险废物相关活动污染环境的

防治，适用《中华人民共和国固体废物污染环境防治法》有关危险废物管理的规定。

三、许可条件

申请企业应当依法成立，符合本地区废弃电器电子产品处理发展规划的要求，并具有增值税一般纳税人企业法人资格，同时具备下列条件：

（一）具备完善的废弃电器电子产品处理设施

1. 具有集中和独立的厂区

厂区必须为集中、独立的一整块场地。2011 年 1 月 1 日以后新建的处理企业应当拥有该厂区的土地使用权。2010 年 12 月 31 日以前已经从事废弃电器电子产品处理活动的企业，如无该厂区的土地使用权，则应当签订该厂区的土地租赁合同，合同有效期自申请之日起算不少于五年。

中东部省（区、市）申请企业的总设计处理能力不低于 10 000 吨/年，厂区面积（建筑面积）不低于 20 000 平方米；其中，生产加工区（指处理废电器电子产品的操作区域和贮存区域，不包括深加工区、行政办公场所、道路以及绿地等其他与直接处理电器电子产品无关区域）的面积（建筑面积）不低于 10 000 平方米。西部省（区、市）申请企业的总设计处理能力不低于 5 000 吨/年，厂区面积不低于 10 000 平方米；其中，生产加工区的面积不低于 5 000 平方米。

仅处理含阴极射线管（以下简称 CRT）的废弃电器电子产品（如电视机、微型计算机显示器等）的，设计处理能力不低于 5 000 吨/

年，厂区面积不低于 10 000 平方米。其中，生产加工区面积不低于 5 000 平方米。

厂区不得混杂于饮用水水源保护区、基本农田保护区和其他需要特别保护的区域。

2．贮存场地

（1）具有用于贮存废弃电器电子产品及其拆解产物（包括最终废弃物）的场地。

（2）贮存场地的容量应不低于日处理能力的 10 倍。

（3）贮存场地周边应设置围栏，以利于监控货物和人员的进出；并配备现场闭路电视（以下简称"CCTV"）监控设备。

（4）贮存场地应具有防渗的水泥硬化地面。

（5）贮存场地应具有可防止废液或废油类等液体积存、泄漏的排水和污水收集系统。

（6）位于室外的贮存场地应具有防止雨淋的遮盖措施，如安装防雨棚等。

（7）不同类别的废弃电器电子产品及其拆解产物（包括最终废弃物）应当分区贮存。各分区应在显著位置设置标识，标明贮存物的名称、贮存时间、注意事项等。如 CRT 电视机应当单独分区贮存并采取相应的固定措施，防止碰撞和散落。

（8）贮存场地附近不得有明火或热源，如焚烧炉、蒸汽管道、加热盘管等。

3．处理场地

（1）具有处理废弃电器电子产品的专用场地。

（2）处理场地应位于室内，具有防止水、油类等液体渗透的水泥硬化地面。

（3）具有对处理场地地面的冲洗水、处理过程中产生的废水或废油等液体物质的截流、收集设施和油水分离设施。

（4）处理场地应当分区。不同类型的废弃电器电子产品应当在不同的区域处理。各处理区域之间应有明显的界限，并在显著位置设置提示性标志和操作流程图，有潜在危险的处理区应设置警示标志。各处理区应分别配备现场 CCTV 监控设备。

4．处理设备

（1）基本要求

处理 CRT 电视机的，应当将锥、屏玻璃分离，并收集荧光粉等粉尘。

处理电冰箱的，应当依据《消耗臭氧层物质管理条例》（国务院令第 573 号）的有关规定，对消耗臭氧层物质进行回收、循环利用或者交由从事消耗臭氧层物质回收、再生利用、销毁等经营活动的单位进行无害化处置。

处理 CRT 显示器微型计算机的，应当将锥、屏玻璃分离，并收集荧光粉等粉尘。

（2）设备要求

具有与所处理废弃电器电子产品相适应的处理设备（见附一）。

涉及拆解小型电器电子产品或元（器）件、（零）部件（如电路板、汞开关等）的，应具有负压工作台。

5. 废弃电器电子产品数据信息管理系统

申请企业应当建立数据信息管理系统，跟踪记录废弃电器电子产品在企业内部运转的整个流程，包括记录废弃电器电子产品接收的时间、来源、类别、重量和数量；运输者的名称和地址；贮存的时间和地点；拆解处理的时间、类别、重量和数量；拆解产物（包括最终废弃物）的类别、重量或数量，去向等。相关资料应至少保存3年。

环境保护部建立统一的废弃电器电子产品处理数据信息管理系统后，处理企业应当通过国家统一的数据信息管理系统填写并按日报送废弃电器电子产品入库和出库记录报表，拆解处理记录报表，拆解产物（包括最终废弃物）出库和入库记录报表。

有关要求另行制定并发布。

6. 污染防治设施

具有与所处理废弃电器电子产品相配套的污染防治设施、设备并通过环境保护竣工验收（具体监测指标参见附二）。

污水排放应当符合《污水综合排放标准》（GB 8978）或地方标准。采用非焚烧方式处理废弃电器电子产品及其元（器）件、（零）部件的设施或设备，废气排放应当符合《大气污染物综合排放标准》（GB 16297）或地方标准；采用焚烧方式处理废弃电器电子产品及其元（器）件、（零）部件的设施或设备，废气排放应当符合《危险废物焚烧污染控制标准》（GB 18484）中危险废物焚烧炉大气污染物排放标准或地方标准。噪声应当符合《工业企业厂界环境噪声标准》（GB 12348）或地方标准。

（二）具有与所处理废弃电器电子产品相适应的分拣、包装及其他设备

1. 具有运输车辆或委托具有相关资质单位运输，车厢周围有栏板等防散落及遮雨布等防雨措施。

2. 具有能够搬运较重物品的设备，如叉车等。

3. 具有压缩打包的设备，如打包机等。

4. 具有专用容器。

（1）具有存放废弃电器电子产品及其拆解产物（包括最终废弃物）的专用容器，特别要具有存放含液体物质的零部件（如压缩机等）、电池、电容器以及腐蚀性液体（如废酸等）的专用容器。

（2）废弃电器电子产品应当整齐存放在统一规格的铁筐或其他牢固且易于识别内装物品的容器中，容器上应当贴有标识其内装废弃电器电子产品种类、数量和重量等基本特征的标签。

（3）拆解产物应当整齐存放在容器中，同种拆解产物的容器应当一致。容器上应当贴有标识其内装废弃电器电子产品种类、数量或者重量等基本特征的标签。

（4）需要多层存放的，应当配置牢固的分层存放架，并将容器整齐存放在架上。

5. 具有中央监控设备。

（1）具有与电脑联网的现场 CCTV 监控设备及中控室。

（2）厂区所有进出口处（须能清楚辨识人员及车辆进出）、地磅及磅秤、处理设备与处理生产线（包含待处理区）、贮存区域、处理区域、可能产生污染的区域（含制冷剂抽取区、荧光粉吸取及破碎分选等作业区）以及处理设施所在地县级以上人民政府环境保护主管部门指定的其他区域，应当设置现场 CCTV 监控设备。贮存场地等范围较大的区域可根据实际情况，选择带云台的摄像机。

（3）设置的现场 CCTV 监控设备应能连续录下 24 小时作业情形，包含录制日期及时间显示，每一监视画面所录下影带不得有时间间隔，其录像画面的录像间隔时间至少以 1 秒 1 画面为原则。

视频监视画面在任何时间均以 4 个分割为原则，视频内容应为彩色视频，并包含日期及时间显示，视频必须清晰，并可清楚看见物体、人员外形轮廓，以能达到辨识相关作业人员及作业状况为原则。

夜间厂区出入口处摄影范围须有足够的光源（或增设红外线照摄器）以供辨识，若厂方在夜间进行拆解处理作业时，其处理设备投入口及处理线的镜头应当有足够的光源以供画面辨识。

（4）所有摄像机视频信号应通过网络硬盘录像机进行压缩、存储和网络远传，以方便集中联网监控。

（5）录像应采用硬盘方式存储，并确保每路视频图像均可全天24 小时不间断录像，录像保存时间至少为 1 年。

6．具有计量设备。

（1）具有量程 30 吨以上（将废弃电器电子产品装入托盘分别称重的，量程可低于 30 吨）与电脑联网的电子地磅，能够自动记录并打印每批次废弃电器电子产品、拆解产物（包括最终废弃物）进出量。

（2）计量设备应当设置于厂区所有进出口处以及贮存区域的进出口处。计量设备应经检验部门度量衡检定合格。计量设备过磅时间不得与现场 CCTV 监视录像记录的时间相差超过 3 分钟以上。

7．应配置专用电表。废弃电器电子产品的每条拆解处理生产线及专用处理设备（见附一），应具有专用电表，并保证数据准确。无专用电表的，应保证处理设备所在车间电表的数据准确。每日的专用电表或车间电表读数应记录，并注明是专用电表或具体车间电表。

8．具有事故应急救援和处理设备。配置相应的应急救援和处理设施，如灭火器等，并定期开展应急预案演练。

9．具有相应的环境监测仪器、设备；不具备自行监测能力的，应当与有监测资质的单位签订的委托监测合同。

10．按照国家对劳动安全和人体健康的相关要求为操作工人提供的服装、防尘口罩、安全帽、安全鞋、防护手套、护目镜等防护用品。如从事 CRT 锥屏玻璃分离设备操作的工人，应当佩戴防尘口罩、护目镜等防护用品。

（三）具有健全的环境管理制度和措施

1．具有对不能完全处理的废弃电器电子产品的妥善利用或处置方案。

（1）应当设立样品室，对所申请处理的废弃电器电子产品及其拆解产物（包括最终废弃物）须有样品或者照片用于存放或展示；

（2）对不能完全处理的拆解产物（包括最终废弃物），如印刷电路板、电池以及一些无利用价值的残余物等，应制定并组织实施妥善利用或者处置方案，签订合同委托给具有相应能力和资格的单位利用或者处置。比如：

黑白电视机拆解产生的CRT玻璃和彩色电视机拆解产生的CRT屏玻璃作为一般工业固体废物，可提供或委托给CRT玻壳生产企业利用，进入生活垃圾填埋场填埋，或以其他环境无害化的方式利用处置。

彩色电视机拆解产生的CRT锥玻璃应提供或委托给CRT玻壳生产企业回收利用或交由持危险废物经营许可证并具有相应经营范围的单位利用或处置。

有关危险废物应当交由持有危险废物经营许可证并具有相应经营范围的企业进行处理，如润滑油、含汞电池、镉镍电池、含汞灯管、汞开关、含多氯联苯（PCB）的电容器、废机油、废印刷电路板；处理阴极射线管产生的荧光粉、粉尘及失效的吸附剂、废液、污泥及废渣；等等。

自行处理废印刷电路板的，产生的非金属组分应当自行或委托符合环保要求的单位进行最终无害化利用或处置。

压缩机、电动机、电线电缆等应提供或委托给环境保护部核定的进口废五金电器、废电线电缆和废电机定点加工利用单位或其他符合环保要求的单位拆解处理。

电冰箱或房间空调器的制冷剂应当回收并提供或委托给依据《消耗臭氧层物质管理条例》（国务院令第 573 号）经所在地省（区、市）环境保护主管部门备案的单位进行回收、再生利用或者委托给持有危险废物经营许可证并具有相应经营范围的单位销毁。

电冰箱保温层材料作为一般工业固体废物，应当送至生活垃圾处理设施填埋或焚烧，或以其他环境无害化的方式利用处置，禁止随意丢弃。

涉及湿法或化学法处理废弃电器电子产品以及废水处理产生的废液、污泥、粉尘和清洗残渣等，应进行危险特性鉴别，不具有危险特性的按一般工业固体废物有关规定进行利用或处置，属于危险废物的应按危险废物有关规定进行利用或处置。

2．经县级人民政府环境保护主管部门同意的年度监测计划，定期对排入大气和水体中的污染物以及厂界噪声及附近敏感点进行监测。

3．突发环境事件的防范措施和应急预案

申请企业应参考《危险废物经营单位编制应急预案指南》（原国家环境保护总局公告 2007 年第 46 号）编制突发环境事件的防范措施和应急预案。

（四）人员规定

1．申请企业具有至少 3 名中级以上职称专业技术人员，其中相关安全、质量和环境保护的专业技术人员至少各 1 名。

2. 负责安全的专业人员应具有注册安全工程师资格，并按照《中华人民共和国安全生产法》的要求制定安全操作管理手册。负责环保的专业技术人员应至少参加过一次市级以上地方环境保护主管部门组织的环境保护工作培训。

四、处理资格许可程序

（一）申请

1. 申请企业应当向废弃电器电子产品处理设施所在地设区的市级人民政府环境保护主管部门（以下简称"许可机关"）提出处理一类或多类废弃电器电子产品申请。

2. 申请企业应填写《废弃电器电子产品处理资格申请书》（附三）并提交相应证明材料（附四）。申请材料应当内容完整、格式规范、装订整齐。

3. 申请企业具有多处废弃电器电子产品处理设施的，应就各处的设施分别申请处理资格许可。各处的处理设施均应符合本指南的要求。

（二）受理和审批

1. 受理。许可机关自收到申请材料之日起 5 个工作日内完成对申请材料的形式审查，并做出受理或不予受理的决定。申请材料不完整的，应当要求申请人限期补交。

2. 公示。许可机关应当在在受理之日起 3 个工作日内对受理申请进行公示，征求公众意见，公示期限不得少于 10 个工作日。公示

可采取以下一种或者多种方式:

（1）在申请企业所在地的公共媒体上公示；

（2）在许可机关网站上公示；

（3）其他便利公众知情的公示方式。

公众可以在公示期内以信函、传真、电子邮件或者按照公示要求的其他方式，向许可机关提交书面意见。

对公众意见，受理申请的环境保护主管部门应当进行核实。

3．审查。许可机关应当自受理申请之日起 60 日内，对申请企业提交的证明材料进行审查，并对申请企业是否具备许可条件进行现场核查。

许可机关对申请企业提交的证明材料进行审查前，应当核实申请企业是否符合本地区废弃电器电子产品处理发展规划的要求。

许可机关应组织相关专家对申请企业进行评审。专家人数不少于 5 人。专家应当掌握和熟悉废弃电器电子产品、固体废物特别是危险废物管理的法律法规和标准规范，了解废弃电器电子产品处理技术和设备、环境监测和安全等相关知识。专家组中至少有 1 名所在地省级环保部门推荐的专家和 1 名所在地县级环保部门推荐的专家。专家组组长应当具有高级职称，5 年以上固体废物相关工作经验。

4．审批。经书面审查和现场核查符合条件，授予处理资格，并予以公告；不符合条件的，书面通知申请企业并说明理由。

5．废弃电器电子产品处理资格许可证书可分为正本和副本，正本为一份，副本可为多份（格式见附五）。证书应包括下列主要内容：

（1）法人名称、法定代表人、住所；

（2）处理设施地址；

（3）处理的废弃电器电子产品类别；

（4）主要处理设施、设备及运行参数；

（5）处理能力；

（6）有效期限；

（7）颁发日期和证书编号。

6. 申请企业取得处理资格后，应当在经营范围内注明处理的废弃电器电子产品类别。

7. 废弃电器电子产品处理资格许可证书编号由一个英文字母 E 与七位阿拉伯数字组成。第一位、第二位数字为废弃电器电子产品处理设施所在地的省级行政区划代码，第三位、第四位数字为省辖市级行政区划代码，第五位、第六位数字为县级政府行政区划代码，最后一位数字为流水号。

附一：

废弃电器电子产品处理设备要求

注："*"为所申请处理的废弃电器电子产品必须具备的处理设备

序号	产品类别	类 型	关键部件	具体设备要求	备 注
1	废弃电视机	CRT 电视机	阴极射线管	1）具有锥屏玻璃分离或锥玻璃拣出设备或装置，如 CRT 切割机	*
				2）具备防止含铅玻璃散落的措施，如带有围堰的作业区域、作业区域地面平整等使含铅玻璃易于收集	*
				3）具有荧光粉收集装置，如粉尘抽取装置	*
				4）采用干法进行处理的，应具有玻璃干洗设备如干式研磨清洗机等	

序号	产品类别	类型	关键部件	具体设备要求	备注
1	废弃电视机		阴极射线管	5）采用湿法进行处理的，应具有废水回收处理装置及超声清洗机 6）不自行利用铅玻璃的，应具有将含铅玻璃交由有能力利用的玻壳厂或其他方式托委处理的危险废物经营许可证明，包括委托受合同及复印件 7）自行利用铅玻璃的，应具有铅提取设备或装置；或将锥玻璃送取联合冶炼设备或装置；或将锥玻璃成联合加工成资源化产品的设备	*根据所用处理工艺，须满足6）或7）两项要求中的一项；如根据7）项要求自行利用铅玻璃的，满足项所列任意一种设施或装置即可
		液晶电视机	液晶显示器、背光灯	1）具有背光灯的拆除装置或装置，如带有抽风系统、尾气净化装置的负压工作台 2）具有液晶分离设备或装置，如带有废水循环利用的超声清洗设备 3）具有面板玻璃与有机薄膜分离设备或装置，如热冲击设备或装置使面板玻璃与有机薄膜分离	*

序号	产品类别	类型	关键部件	具体设备要求	备注
2	废弃电冰箱	—	制冷剂、润滑油以及聚氨酯泡沫塑料	1) 具有将制冷系统中的制冷剂和润滑油抽提和分离的专用设备	*
				2) 具有存放制冷剂油的密闭压力钢瓶或装置	*
				3) 具有存放润滑油的密闭容器	*
				4) 采取粉碎、分选方法处理废弃电冰箱保温层时，应具有专用负压密闭设备及聚氨酯泡沫塑料减容设备	*
3	废弃房间空调器	—	制冷剂、润滑油	1) 具有将制冷系统中的制冷剂和润滑油抽提和分离的专用设备	*
				2) 具有存放制冷剂油的密闭压力钢瓶或装置	*
				3) 具有存放润滑油的密闭容器	*
4	废弃微型计算机	阴极射线管（CRT）显示器计算机	阴极射线管显示器	1) 具有锥屏玻璃分离或锥玻璃拣出设备或装置，如CRT切割机	*
				2) 具备防止含铅玻璃散落的措施，如带有围堰的作业区域、作业区域地面平整等使含铅玻璃易于收集	*

序号	产品类别	类型	关键部件	具体设备要求	备注
4	废弃微型计算机	阴极射线管（CRT）显示器计算机	阴极射线管显示器	3）具有荧光粉收集装置，如粉尘抽取装置 4）采用干法进行处理的，应具有玻璃干洗设备 5）采用湿法进行处理的，应具有废水回收处理装置及超声清洗机 6）不自行利用铅玻璃的，应有将含铅玻璃交由有能力利用的玻壳厂或其他企业进行无害化处理的证明，包括委托合同及受托方的危险废物经营许可证复印件 7）自行利用铅玻璃的，应具有铅提取设备或装置；或联合冶炼设备或装置；或将锥玻璃加工成资源化产品的设备	* *根据所处理工艺，须满足 6）或 7）两项要求中的一项； 如根据 7）项要求自行利用铅玻璃的，满足此项所列任意一种设施或装置即可

序号	产品类别	类型	关键部件	具体设备要求	备注
4	废弃微型计算机	带有液晶显示器的计算机	液晶显示器	1）具有背光灯的拆除装置或设备，如带有抽风系统、尾气净化装置的负压工作台 2）具有液晶分离设备或装置，如带有废水循环利用的超声清洗设备 3）具有面板玻璃与有机薄膜分离设备或装置，如热冲击设备或装置使面板玻璃与有机薄膜分离	*
		笔记本电脑或一体机	液晶显示器	1）具有背光灯的拆除装置或设备，如带有抽风系统、尾气净化装置的负压工作台 2）具有液晶分离设备或装置，如带有废水循环利用的超声清洗设备 3）具有面板玻璃与有机薄膜分离设备或装置，如热冲击设备或装置使面板玻璃与有机薄膜分离	*

序号	产品类别	类型	关键部件	具体设备要求	备注
5	废弃电视机、电冰箱、房间空调器、洗衣机或微型计算机		印刷电路板	1）采用火法处理电路板的，应具有满足危险废物焚烧装置运行条件和污染控制要求的热处理设备	*根据所用处理工艺，须具备相应的设备或装置、设施
				2）采用湿法处理电路板的，应具有元器件拆解以及能够将铅、铜、金提取出来的，符合相关污染控制要求的湿法处理装置	
				3）采用机械方法处理电路板的，应具有元器件拆解以及电路板破碎、分选以回收铝、铜等金属的机械处理装置	*根据所用处理工艺，须具备相应的设备或装置、设施
				4）涉及湿法处理电路板的，应具备污泥处理方案或相应利用设施	
				5）涉及湿法处理电路板的，应具有防化学药液外溢措施，如设置围堰或底部做防渗处理等措施	

序号	产品类别	类型	关键部件	具体设备要求	备注
5	废弃电视机、电冰箱、房间空调器、洗衣机或微型计算机		印刷电路板	6）涉及机械方法处理电路板的，应具有电路板分离产生的环氧树脂等非金属材料利用的设备或装置；或环氧树脂处置设施，如填埋或焚烧	*根据所用处理工艺，须具备相应的设备或装置、设施
				7）不自行利用或处置的，应委托给有危险废物经营许可证并具有相应经营范围的单位利用或处置	

废弃电器电子产品处理的主要污染物

序号	处 理 方 式	主 要 污 染 物	介 质
1	阴极射线管干法处理	铅、粉尘	大气
2	阴极射线管湿法处理	铅、镉、镍	水体
3	聚氨酯泡沫塑料的处理	粉尘	大气
4	液晶显示器背光灯的拆除	汞	大气
5	液晶分离（湿法处理）	汞	水体
6	液晶显示器面板玻璃与有机薄膜分离	粉尘、苯系物、酚类、挥发性卤代烃	大气
7	电路板火法处理的	二噁英、铜、铅、锑、锡、苯系物、酚类、挥发性卤代烃	大气
8	电路板湿法处理的	pH、锑、铜、铅、砷、铬、铍、镉、锡	水体
9	电路板机械方法处理电路板的	铜、锡、铅	大气
10	电路板处理产生的非金属材料热处理	二噁英、锑	大气

序号	处理方式	主要污染物	介质
11	电线电缆焚烧	二噁英、铅、苯系物、酚类、挥发性卤代烃	大气
12	开关、灯管拆除处理	汞	大气
13	镍镉电池处理	粉尘、镉	大气
14	铅酸蓄电池处理	铅、pH	大气、水体
15	锂电池处理	pH	水体
16	含 PCB 的电容器处理	多氯联苯	水体

注：1.苯系物包括苯、甲苯、二甲苯。
2.废水排放处应当监测上述特征污染物外，还应当监测悬浮物（SS）、化学需氧量（COD）、氨氮等。
3.对表中未列明的情形，应当根据处理产品类型、生产工艺及污染物特征情况进行监测。

附三：

废弃电器电子产品处理资格申请书

申请单位 _____ （章）

申请原因：

1.新建废弃电器电子产品处理设施　　　　　　□

2.改建或者扩建废弃电器电子产品处理设施　　□

3.增加废弃电器电子产品类别　　　　　　　　□

4.其他_____　　　　　　　　　　　　□

联系人姓名_____联系电话_____

申请日期_____

许可机关受理人 _____

受理日期 _____

受理意见 ___受　理　□　　　　退　回　□_____

　　申请者声明：我声明，本申请书及有关附带资料是完整的、真实的和正确的。

　　法定代表人姓名：　　　　　　签　字：

　　日　期：　　　　　　　　　　印　章：

一、基本情况

<table>
<tr><td rowspan="13">申请单位基本资料</td><td colspan="5">法人名称（中文）：</td><td rowspan="5">（企业法人章）</td></tr>
<tr><td colspan="5">法人名称（英文）：</td></tr>
<tr><td colspan="5">住所：　　省（市、区）　　　　市
县（区）　　镇　　街　　号</td></tr>
<tr><td colspan="5">邮编：</td></tr>
<tr><td colspan="3">注册资本（百万元）：</td><td colspan="2">固定资产投资（百万元）：</td></tr>
<tr><td colspan="6">资本组成：</td></tr>
<tr><td colspan="3">企业法人营业执照号：</td><td colspan="3">组织机构代码证号：</td></tr>
<tr><td colspan="6">增值税一般纳税人资格证书（国税税务登记证）号：</td></tr>
<tr><td rowspan="3">法定代表人：
（章）</td><td colspan="2">身份证号：</td><td colspan="3">文化程度：</td></tr>
<tr><td colspan="2">电话：</td><td colspan="3">传真：</td></tr>
<tr><td colspan="2">手机：</td><td colspan="3">电子邮箱：</td></tr>
<tr><td>管理人员数量（人）</td><td>高级工程师数量（人）</td><td>工程师数量（人）</td><td>技术人员数量（人）</td><td colspan="2">操作人员数量（人）</td></tr>
<tr><td></td><td></td><td></td><td></td><td colspan="2"></td></tr>
<tr><td rowspan="6">处理厂（场）</td><td colspan="6">＿＿＿＿＿省（区、市）＿＿＿＿＿地（区、市、州、盟）＿＿＿＿＿
县（区、市、旗）＿＿＿＿＿乡（镇）＿＿＿＿＿街（村）、门牌号</td></tr>
<tr><td colspan="6">邮编：</td></tr>
<tr><td colspan="3">厂区面积：　　　　　　m²</td><td colspan="3">生产加工区面积：　　　　m²</td></tr>
<tr><td colspan="6">场地性质：租赁　有土地使用权　（国有土地使用权证书号＿＿＿＿＿）
其他</td></tr>
<tr><td colspan="3">建设日期：</td><td colspan="3">运行日期：</td></tr>
</table>

联系人	身份证号:		电子邮箱:	
	电话:	传真:	手机:	

处理对象	名　称	年处理能力 （8 小时/日工作时间）	年处理能力 （12 小时/日工作时间）
	1.CRT 电视机	40 万台/1 万吨	60 万台/1.5 万吨
	2.……		
	3.		
	4.		
	5.		
	合计		

二、废弃电器电子产品处理设施与设备清单

填写主要处理设施或设备的名称、数量及详细规格参数（包括尺寸、处理能力等），并黏附处理设施或设备的照片

编号	名　称	数　量	详细规格
1	CRT 显示器锥屏分离设备	1 台	加热带加热分离； 处理能力：10 台/分； 功率：2 千瓦
……			

三、处理工艺流程说明

对不同处理对象,详细说明处理工艺流程及产污环节,并附工艺流程图

四、污染防治设施与设备清单

填写主要污染防治设施或设备的名称、数量及详细规格参数,并黏附处理设施或设备的照片

五、污染防治措施说明及工艺流程图

六、拆解产物（包括最终废弃物）的处理、处置或再利用方式说明

危险废物：

一般废物：

七、计量与监控设备

计量设备的详细参数并附照片及检验合格证书复印件；24 小时连续监控，监控记录至少保存 1 年，详细说明监控设备的数量并附监控点位置图。

八、消防与安全设备

详细的消防设施的名称、数量、规格及使用方法，并附照片；详细的安全防护设施的名称、数量、规格及使用方法，并附照片。

九、环境监测计划

如果为委托监测，请在下方横线上填写受托方的名称。

十、场地土壤、地表水及地下水功能和监测本底

附四：

证明材料

一、基本材料

1. 新成立企业从事废弃电器电子产品处理的，应提供企业名称核准的相关证明文件。现有企业从事废弃电器电子产品处理的，应提供《企业法人营业执照》正、副本复印件。

2. 企业法定代表人身份证明文件复印件。

3. 建设项目工程竣工环境保护"三同时"验收报告复印件。

4. 建设项目工程质量、消防和安全验收的证明材料。

5. 土地使用证或有关租赁合同。

6. 现有企业从事废弃电器电子产品处理的，还需提交所在地县级环保部门出具的经营期间守法证明和监督性检测报告。

二、具备完善的废弃电器电子产品处理设施的证明材料

1. 申请企业土地使用证明文件复印件。

2. 厂区平面布置图（应绘出：设施法定边界；进货和出货装置地点；各处理设施、贮存设施、配套污染防治设施以及事故应急池、排污口位置的位置等）。

3. 贮存场地、分类贮存区的照片及文字说明，说明包括各分类

区占地面积、贮存物品名称及相应的防护设施等信息。

4．处理场地区域分布的说明及相应区域的照片，说明包括各区域占地面积和建筑面积、用途及配套设施情况等信息。

5．处理设施、设备，以及配套污染防治设施的照片、设计文件及文字说明。

6．详细描述处理工艺及操作要求，包括工艺流程图、产污环节和文字说明等信息。

7．主要处理设备的名称、规格型号、设计能力、数量、其他技术参数。

8．主要处理设备处理对象名称、类别、形态和危险特性。

9．现有企业从事废弃电器电子产品处理的，应提供最近一年内的监督性监测报告的复印件。提供企业自行监测报告的，应当提供关于其符合相关监测质量要求的证明材料。

10．噪声监测报告复印件。

11．废弃电器电子产品数据信息管理系统的所涵盖信息的文字说明及截图照片。

三、具有与所处理废弃电器电子产品相适应的分拣、包装及其他设备的证明材料

1．运输车辆的照片及文字说明。

2．运输车辆牌照证明复印件。

3．委托其他单位运输的，应提供委托合同及受托单位相关资质证明等材料。

4．场内搬运设备的照片或图样及文字说明。

5．包装工具的照片或图样及文字说明。

6．存放废弃电器电子产品及其拆解产物（包括最终废弃物）的容器的照片及文字说明，包括存放含液体物质的零部件、电池、电容器以及腐蚀性液体的专用容器的照片及文字说明。

7．视频监控设备检验合格证书（若有）复印件、照片及文字说明，说明包括监控设备的详细参数、设备数量、监控点位置、存储介质容量及保存期限等情况。

8．电子地磅的照片及文字说明，包括地磅数量、量程、场区分布情况等信息。

9．专业电表检验合格证书（若有）复印件、照片及文字说明。

10．有关应急装备、设施和器材的清单，包括种类、名称、数量、存放位置、规格、性能、用途和用法等信息。

11．环境监测仪器、设备清单，包括种类、名称、数量、规格、性能、用途等；不具备自行监测能力的，应当出具与有监测资质的单位签订的委托监测合同复印件。

四、具有健全的环境管理制度和措施的证明材料

1．详细说明不能完全处理的废弃电器电子产品拆解产物（包括最终废弃物）的名称、类别、形态、危险特性、数量。

2．委托处理企业的名称、处理类别、处理数量及处理资质证明材料。其中，危险废物委托处理的，应提供所委托处理企业的危险废物经营许可证复印件。

3．委托处理合同复印件或其他证明文件。

4．样品室照片及文字说明，说明包括废弃电器电子产品、拆解产物（包括最终废弃物）及不能自行处理的元（器）件、（零）部件等信息。

5．详细描述日常监测方案，对废水处理、废气排放、噪声等定期监测，使用湿法或化学法处理废弃电器电子产品的，应当对地下水定期监测。日常监测方案应确定监测指标和频率。企业自行监测的，应有省级环境保护部门认可的实验室及人员资质，并制定监测仪器的维护和标定方案，定期维护、标定并记录结果。

6．详细描述处理环境污染事件的防范措施和应急预案。

7．详细描述作业过程中按照国家对劳动安全和人体健康的相关要求为操作工人提供的防护措施。

五、人员规定的证明材料

1．安全、质量和环境保护等的专业技术人员的职称及其他相关资格证书复印件。

2．技术人员与申请企业签订的劳动合同等能证明劳动关系的证明材料，如合同聘用文本及聘期、合同期间社保证明等。

3．与所处理产品相适应的安全管理操作手册。

4．详细描述人员培训制度。处理企业应当清晰描述涉及危险废物管理的每个岗位的职责，并依此制定各个岗位从业人员的培训计划，培训计划应当包括针对该岗位的危险类废物管理程序和应急预案的实施等。培训可分为课堂培训和现场操作培训。

应急培训应当使得受训人员能够有效地应对紧急状态。这要求受训人员熟悉：（1）应急程序、应急设备、应急系统，包括使用、检查、修理和更换设施内应急及监测设备的程序；（2）通讯联络或警报系统；（3）火灾或爆炸的应对；（4）地表水污染事件的应对等。

5. 负责环保的专业技术人员参加县级以上地方环保部门组织的环境保护工作培训证明材料，如培训记录等。

附五：

废弃电器电子产品处理
资格证书

法人名称：

法定代表人：

住　　所：

处理设施地址：

处理废弃电器电子产品类别：

处理能力：

有效期限：

编　　号：

发证机关：

发证日期：　　年　　月　　日

废弃电器电子产品处理

资 格 证 书

（副本X）

法人名称：

法定代表人：

住　　所：

处理设施地址：

处理废弃电器电子产品类别：

各类别废弃电器电子产品处理能力：

主要处理设施、设备及运行参数：

有效期限：

说　明

1. 废弃电器电子产品处理资格证书是经营单位取得废弃电器电子产品处理资格的法律文件。

2. 废弃电器电子产品处理资格证书的正本和副本具有同等法律效力，资格证书正本应在经营设施的醒目位置。

3. 禁止伪造、变造、转让废弃电器电子产品处理资格证书。除发证机关外，任何其他单位和个人不得扣留、收缴或者吊销。

4. 废弃电器电子产品处理企业变更法人名称、法定代表人或者住所的，应当自工商变更登记之日起15个工作日内，向原发证机关申请办理处理资格变更手续。

5. 增加废弃电器电子产品处理类别、新建处理设施、改建或者扩建原有处理设施，处理废弃电器电子产品超过资格证书处理能力20%以上的，废弃电器电子产品处理设施应当重新申请领取废弃电器电子产品处理资格证书。

6. 废弃电器电子产品处理企业拟终止处理活动的，应当对经营设施、场所采取污染防治措施，对未处置的废弃电器电子产品作出妥善处理，并在采取上述措施之日起20日内向原发证机关提出注销申请，由原发证机关进行现场核查合格后注销废弃电器电子产品处理企业处理资格。

编　号：

发证机关：

发证日期：　年　月　日

第七部分

其 他

关于发布《废弃电器电子产品处理污染控制技术规范》的公告

环境保护部公告　2010年　第1号

为贯彻《中华人民共和国固体废物污染环境防治法》、《中华人民共和国清洁生产促进法》和《中华人民共和国废弃电器电子产品回收处理管理条例》，保护环境，保障人体健康，现批准《废弃电器电子产品处理污染控制技术规范》为国家环境保护标准，并予发布。

标准名称、编号如下：

废弃电器电子产品处理污染控制技术规范（HJ 527—2010）

该标准自2010年4月1日起实施，由中国环境科学出版社出版，标准内容可在环境保护部网站（bz.mep.gov.cn）查询。

特此公告。

二〇一〇年一月四日

废弃电器电子产品处理污染控制技术规范

目次

前 言

为贯彻《中华人民共和国环境保护法》、《中华人民共和国固体废物污染环境防治法》和《中华人民共和国循环经济促进法》、《废弃电器电子产品回收处理管理条例》及《电子废物污染环境防治管理办法》，保护环境，防治污染，指导和规范废弃电器电子产品的处理工作，制定本标准。

本标准规定了废弃电器电子产品收集、运输、贮存、拆解和处理等过程中污染防治和环境保护的控制内容及技术要求。

本标准附录 A 和附录 B 为规范性附录。

本标准为首次发布。

本标准由环境保护部科技标准司组织制订。

本标准主要起草单位：中国电子工程设计院、中国环境科学研究院、中国环境科学学会、清华大学。

本标准环境保护部 2010 年 1 月 4 日批准。

本标准自 2010 年 4 月 1 日起实施。

本标准由环境保护部解释。

1 适用范围

本标准规定了废弃电器电子产品在收集、运输、贮存、拆解和处理过程中的污染控制技术要求。

本标准适用于废弃电器电子产品在收集、运输、贮存、拆解和处理过程中的污染控制管理。

本标准适用于废弃电器电子产品拆解和处理等建设项目环境影响评价、环境保护设施设计、竣工环境保护验收及投产后的运营管理。

本标准不适用于废弃电池及照明器具等产品的拆解和处理污染控制管理。

2 规范性引用文件

本标准内容引用了下列文件中的条款。凡是未注明日期的引用文件，其有效版本适用于本标准。

GB 150　钢制压力容器

GB 5085.1～7　危险废物鉴别标准

GB 8978　污水综合排放标准

GB 13015　含多氯联苯废物污染控制标准

GB 16297　大气污染物综合排放标准

GB 18484　危险废物焚烧污染控制标准

GB 18597　危险废物贮存污染控制标准

GB 18599　一般工业固体废物贮存、处置场污染控制标准

GBZ 2.2　工作场所有害因素职业接触限值　第 2 部分：物理因素

HJ/T 364　废塑料回收与再生利用污染控制技术规范（试行）

3 术语和定义

下列术语和定义适用于本标准。

3.1 废弃电器电子产品 waste electrical and electronic equipment

产品的拥有者不再使用且已经丢弃或放弃的电器电子产品[包括构成其产品的所有零（部）件、元（器）件和材料等]，以及在生产、运输、销售过程中产生的不合格产品、报废产品和过期产品。

废弃电器电子产品类别及清单见附件 A。

3.2 有毒有害物质 hazardous substance

废弃电器电子产品中含有的对人、动植物和环境等产生危害的物质或元素，包括铅（Pb）、汞（Hg）、镉（Cd）、六价铬（Cr^{6+}）、多溴联苯（PBB）、多溴联苯醚（PBDE）、多氯联苯（PCBs）、含有消耗臭氧层的物质以及国家规定的危险废物。

3.3 收集 collection

废弃电器电子产品聚集、分类和整理活动。

3.4 贮存 storage

为收集、运输、拆解、再生利用和处置之目的，在符合要求的特定场所暂时性存放废弃电器电子产品的活动。

3.5 预先取出 advanced fetch

废弃电器电子产品拆解过程中，应首先将特定的含有毒、有害物的零部件、元（器）件及材料进行拆卸、分离的活动。

3.6 拆解 disassembly

通过人工或机械的方式将废弃电器电子产品进行拆卸、解体，以便于再生利用和处置的活动。

3.7 再使用 reuse

废弃电器电子产品或其中的零（部）件、元（器）件继续使用或经清理、维修后并符合相关标准继续用于原来用途的行为。

3.8 再生利用 recycling

对废弃电器电子产品进行处理，使之能够作为原材料重新利用的过程，但不包括能量的回收和利用。

3.9 回收利用 recovery

对废弃电器电子产品进行处理，使之能够满足其原来的使用要求或用于其他用途的过程，包括对能量的回收和利用。

3.10 处理 treatment

对废弃电器电子产品进行除污、拆解及再生利用的活动。

3.11 处置 disposal

采用焚烧、填埋或其他改变固体废物的物理、化学、生物特性的方法，达到减量化或者消除其危害性的活动，或者将固体废物最终置于符合环境保护标准规定的场所或者设施的活动。

4 总体要求

4.1 废弃电器电子产品处理建设项目的选址和建设应符合当地城市规划的要求。

4.2 应采取当前最佳可行的处理技术及必要措施，并符合国家有关环境保护、劳动安全和保障人体健康的要求。

4.3 应优先实现废弃电器电子产品及其零（部）件的再使用。

4.4 应对所有进出企业的废弃电器电子产品及其产生物分类，建立台账，并对其重量和/或数量进行登记。

4.5 应建立废弃电器电子产品处理的数据信息管理系统，并将有关信息提供给主管部门、相关企业和机构。

4.6 禁止将废弃电器电子产品直接填埋。

4.7 禁止露天焚烧废弃电器电子产品，禁止使用冲天炉、简易反射炉等设备和简易酸浸工艺处理废弃电器电子产品。

5 收集、运输及贮存污染控制技术要求

5.1 收集污染控制技术要求

5.1.1 废弃电器电子产品应分类收集。

5.1.2 不应将废弃电器电子产品混入生活垃圾或其他工业固体废物中。

5.1.3 收集的废弃电器电子产品不得随意堆放、丢弃或拆解。

5.1.4 应将收集的废弃电器电子产品交给有相关资质的企业进行拆解、处理及处置。

5.1.5 应分开收集废弃阴极射线管（CRT）及废弃液晶显示屏，且不能混入其他玻璃制品。

5.1.6 废弃空调器、冰箱和其他制冷设备在收集过程中，应避免制冷剂泄漏。

5.1.7 当收集含有毒有害物质的零（部）件、元（器）件（见附录 B）时，应将其单独存放，并应采取避免溢散、泄漏、污染环境或危害人体健康的措施。

5.2 运输污染控制技术要求

5.2.1 对于运输，收集商、运输商、拆解或（和）处理企业应对以下信息进行登记，且记录保存至少 3 年：

　　a）相关者信息：收集商、运输商、拆解或（和）处理企业名称；

　　b）运输工具名称、牌号；

　　c）出发地点及日期；

　　d）运达地点及日期；

　　e）所运输废弃电器电子产品的名称、种类和（或）规格；

　　f）所运输废弃电器电子产品的重量和（或）数量。

5.2.2 运输商在运输过程中不得随意丢弃废弃电器电子产品，并应防止其散落。

5.2.3 禁止运输商对废弃电器电子产品采取任何形式的拆解、处理及处置。

5.2.4 禁止废弃电器电子产品与易燃、易爆或腐蚀性物质混合运输。

5.2.5 运输车辆应符合下列规定：

　　a）运输车辆宜采用厢式货车。

　　b）运输车辆的车厢、底板必须平坦完好，周围栏板必须牢固。

5.2.6 运输废弃阴极射线管（CRT）及废弃印制电路板的车辆应使用有防雨设施的货车。

5.2.7 运输废弃冰箱、空调时应防止制冷剂释放到空气中；在运输、装载和卸载废弃冰箱时应防止发生碰撞或跌落，废弃冰箱应保持直立，不得倒置或平躺放置。

5.3 贮存污染控制技术要求

5.3.1 各种废弃电器电子产品应分类存放，并在显著位置设有标识。

5.3.2 对于属于危险废物的废弃电器电子产品的零（部）件和处理废弃电器电子产品后得到的物品经鉴别属于危险废物时，其贮存场地应符合 GB 18597 的相关规定。

5.3.3 露天贮存场地的地面应水泥硬化、防渗漏，贮存场周边应设置导流设施。

5.3.4 回收废制冷剂的钢瓶应符合 GB 150 的相关规定，且单独存放。

5.3.5 废弃电视机、显示器、阴极射线管（CRT）、印制电路板等应贮存在有防雨遮盖的场所。

5.3.6 废弃电器电子产品贮存场地不得有明火或热源，并应采取适当的措施避免引起火灾。

5.3.7 处理后的粉状物质应封装贮存。

6 拆解污染控制技术要求

6.1 一般规定

6.1.1 拆解设施应放置在混凝土地面上，该地面应能防止地面水、雨水及油类混入或渗透。

6.1.2 各种废弃电器电子产品应分类拆解。

6.1.3 应预先取出所有液体（包括润滑油），并单独盛放。

6.1.4 附录 B 所规定的零（部）件、元（器）件及材料应预先取出。废弃电器电子产品中的电源线也应预先分离。

6.1.5 禁止丢弃预先取出的所有零（部）件、元（器）件及材料，应按本标准第 7 章、第 8 章的规定进行处理或处置。

6.2 再使用

6.2.1 对废弃电器电子产品进行清洗及组装时，应设置专用场地，并应设有防电器短路保护的装置。

6.2.2 当采用干式方法清洗可再使用的废弃电器电子产品的整机及零（部）件时，所产生的废气应进行收集和处理，处理后的废气排放应符合 GB 16297 的控制要求。

6.2.3 当采用湿式方法清洗可再使用的废弃电器电子产品的整机及零（部）件时，清洗后的废水应循环使用，处理后的废水排放符合 GB 8978 的控制要求。

6.2.4 废气、废水处理后产生的粉尘、残渣及污泥，应按 GB 5085.1～GB 5085.7 进行鉴别，经鉴别属于危险废物的应按危险废物处置。

6.3 预先取出的零（部）件、元（器）件及材料

6.3.1 预先取出的含有多氯联苯（PCBs）的电容器应单独存放，防止损坏，并标识。

6.3.2 对高度＞25 mm，直径＞25 mm 或类似容积的电解电容器应预先取出，并防止电解液的渗漏。当采用焚烧方法处理印制电路板时，可不预先拆除电解电容器。

6.3.3 对面积＞10 mm^2 的印制电路板应预先取出，并应单独处理。

6.3.4 预先取出的电池应完整，并交给有相关资质的企业进行处理。

6.3.5 预先取出的含汞元（器）件应完整，并贮存于专用容器，交给有相关资质的企业进行处理。

6.3.6 取出阴极射线管（CRT）时，操作人员应有防护措施。

6.3.7 预先取出含有耐火陶瓷纤维（RCFs）的部件时应防止耐火陶瓷纤维（RCFs）的散落，并存放在容器内，交给有相关资质的企业进行处理。

6.3.8 预先取出含有石棉的部件和石棉废物时应防止散落，并存放在容器内，交给有相关资质的企业进行处理。

6.4 废弃冰箱、废弃空调器的拆解

6.4.1 拆解废弃电冰箱、废弃空调器的设备应设排风系统。在拆解压缩机及制冷回路前应先抽取制冷设备压缩机中的制冷剂及润滑油。抽取装置应密闭，确保不泄漏，抽取制冷剂的场所应设有收集液体的设施，碳氢化合物（HCs）制冷剂宜单独回收，应采取必要的防爆措施。

6.4.2 抽取出的制冷剂、润滑油混合物经分离后，制冷剂应存放于密闭压力钢瓶中，润滑油应存放于密闭容器中，并交给有相关资质的企业或危险废物处理厂进行处理或处置。

6.5 废弃液晶显示器的拆解

6.5.1 拆解废弃液晶显示器时应预先完整取出背光模组，不得破坏背光灯管。

6.5.2 拆解背光模组的装置应设排风及废气处理系统，处理后废气排放应符合 GB 16297 的控制要求。

6.5.3 拆除的背光灯管应单独密闭储存，交给有相关资质的企业进行处置。

6.5.4 拆解背光模组的操作人员应配备防护口罩、手套和工作服。

7 处理污染控制技术要求

7.1 一般规定

7.1.1 废弃电器电子产品的处理技术应有利于污染物的控制、资源再生利用和节能降耗。处理设施应安全可靠、节能环保。

7.1.2 处理废弃电器电子产品应在厂房内进行，处理设施应放置在能防止地面水、油类等液体渗透的混凝土地面上，且周围应有对油类、液体的截流、收集设施。

7.1.3 废弃电器电子产品处理企业应具备相应的环保设施，包括：废水处理、废气处理、粉尘处理、防止或降低噪声等装置，各项污染物排放应符合国家或地方污染物排放标准的有关规定。

7.1.4 采用物理粉碎分选方法处理废弃电器电子产品应设置除尘装置，并采取降低噪声措施，当采用湿式分选时，应设置废水处理及循环再利用系统。

7.1.5 采用化学方法处理废弃电器电子产品应设置废气处理系统、化学药液回收装置和废水处理系统。

7.1.6 采用焚烧方法处理废弃电器电子产品应设置烟气处理系统，处理后废气排放应符合 GB 18484 的有关规定。

7.1.7 对废弃电器电子产品处理中产生的本企业不能处理的固体废物，应交给有相关资质的企业进行回收利用或处置。

7.2 废弃印制电路板的处理

7.2.1 加热拆除废弃印制电路板元器件时，应设置废气处理系统，处理后废气排放应符合 GB 16297 的控制要求。

7.2.2 采用粉碎、分选方法处理废弃印制电路板的设施应设有防止粉尘逸出的措施，应有除尘系统、降噪声措施，并应符合下列规定：

a）采用粉碎、分选方法产生的粉尘、废气应经过处理系统，处理后废气排放应符合 GB 16297 的控制要求。

b）采用粉碎、分选方法处理设施应采用降低噪声措施，操作人员所在作业场所的噪声应符合 GBZ 2.2 的有关规定。

c）当采用水力摇床分选时，必须设置废水处理及循环再利用系统，处理后废水排放应符合 GB 8978 的控制要求，产生的污泥应按危险废物处置。

7.2.3 采用焚烧方法处理废弃印制电路板时，必须设有废气处理设施。处理后废气排放应符合 GB 18484 的有关规定。

7.2.4 当采用化学方法处理废弃印制电路板时，应采用自动化程度高、密闭性良好、具有防化学药液外溢措施的设备进行处理；储存化学品或其他具有较强腐蚀性液体的设备、储罐，应设置必要的防溢出、防渗漏、事故报警装置等安全措施；应设置废水处理系统，处理后废水排放应符合 GB 8978 的控制要求。同时应设有废气处理设施，处理后废气排放应符合 GB 16297 的控制要求。

7.3 废弃阴极射线管（CRT）处理

7.3.1 处理阴极射线管（CRT）时，应先泄真空，防止发生意外事故。

7.3.2 宜对彩色阴极射线管（CRT）的锥玻璃和屏玻璃分别进行处理；当锥玻璃和屏玻璃混合时，应按含铅玻璃进行处理或处置。

7.3.3 当采用干法工艺分离彩色阴极射线管（CRT）的锥玻璃和屏玻

璃时，应符合下列规定：

　　a）应设有防止玻璃飞溅装置；

　　b）当采用物理切割方法时，应设有密闭装置、除尘系统和降低噪声设施，处理后废气排放应符合 GB 16297 的有关规定，噪声控制应符合 GBZ 2.2 的有关规定。

7.3.4　当采用湿法工艺分离彩色阴极射线管（CRT）的锥玻璃和屏玻璃时，应设有废液回收系统和废水处理系统，处理后废水排放应符合 GB 8978 的控制要求，同时应设有废气处理系统，处理后废气排放应符合 GB 16297 的控制要求。

7.3.5　当处理屏玻璃上的含荧光粉涂层时，应符合下列规定：

　　a）采用干法工艺时，应安装粉尘抽取和过滤装置，并妥善收集荧光粉，交给有相关资质的企业处置。

　　b）采用湿法工艺时，应设置废水处理系统处理洗涤废水，处理后废水排放应符合 GB 8978 的控制要求，含荧光粉的污泥应交给有相关资质的企业处置。

7.3.6　当清洗阴极射线管（CRT）玻璃时，应符合下列规定：

　　a）干法清洗时，应设置废气处理系统，处理后废气排放应符合 GB 16297 的有关规定。收集的粉尘应交给有相关资质的企业处置。

　　b）湿法清洗时，应设置废水处理及循环利用系统，产生的洗涤废水应进行处理和回用，处理后废水排放应符合 GB 8978 的控制要求，含玻璃粉的污泥应交给有相关资质的企业处置。

　　c）清洗时应采取降低噪声的措施，噪声控制应符合 GBZ 2.2 的有关规定。

7.3.7 黑白阴极射线管（CRT）的玻璃应按含铅玻璃进行处理。

7.4 废弃硒鼓和墨盒的处理

7.4.1 含有砷化硒或硫化镉涂层的废弃硒鼓应将涂层去除后再进行处理。去除的物质应收集，贮存于密闭容器内，并应交给有相关资质的企业处置。

7.4.2 处理废弃硒鼓时应设置废气处理系统，处理后废气排放应符合GB 16297 的有关规定。

7.4.3 处理废弃调色墨盒、液体、膏体和彩色墨粉时，应设置废气处理系统，处理后废气排放应符合 GB 16297 的有关规定。

7.5 废塑料处理

7.5.1 禁止直接填埋废弃电器电子产品拆出的废塑料。

7.5.2 废塑料处理应符合 HJ/T 364 的规定。

7.5.3 废弃电器电子产品拆出的含多溴联苯（PBB）和多溴联苯醚（PBDE）等阻燃剂的废塑料应与其他塑料分类处理。

7.6 废电线电缆类处理

7.6.1 处理废电线电缆时，应将金属、塑料或橡胶分离，含多溴联苯（PBB）和多溴联苯醚（PBDE）等阻燃剂的电线电缆应与其他电线电缆分类进行处理。

7.6.2 禁止采用露天焚烧、简易窑炉焚烧方法处理废电线电缆。当采用焚烧方法处理废电线电缆时，必须设有废气处理设施，处理后废气排放应符合 GB 18484 的有关规定。

7.6.3 采用粉碎、分选方法处理废电线电缆时，应设有废气处理设施，处理后废气排放应符合 GB 16297 的有关规定。

7.6.4 采用水力摇床分选粉碎后的废电线电缆时，应设置废水处理及循环利用系统，处理后废水排放应符合 GB 8978 的控制要求，产生的污泥应按危险废物处置。

7.6.5 废电线电缆塑料外皮的再生利用应符合 HJ/T 364 的规定。

7.7 废弃冰箱绝热层及废弃压缩机的处理

7.7.1 禁止随意处理含有发泡剂的绝热层。

7.7.2 采取粉碎、分选方法处理废弃冰箱绝热层时，应在专用的负压密闭设备中进行，该设备应具有收集发泡剂的装置和废气处理系统，处理后废气排放应符合 GB 16297 的控制要求。

7.7.3 处理聚氨酯硬质发泡材料应采取防爆、阻燃措施。

7.7.4 处理压缩机应设排风和废气处理系统，处理后废气排放应符合 GB 16297 的控制要求。

7.7.5 压缩机切割前应清除机内的油脂类物质，清除的油脂应罐装单独贮存，并交给危险废物处理厂处置。

7.7.6 使用火焰切割压缩机时，应采取消防措施。

7.7.7 使用机械切割压缩机时，切割场地及操作工位应设防护挡板。

7.8 废弃液晶显示屏的处理

7.8.1 在未解决废弃液晶显示屏的再生利用前，可先对废弃液晶显示屏进行封存或焚烧。

7.8.2 采用焚烧方法时，必须设有废气处理设施，处理后废气排放应符合 GB 18484 的有关规定。

7.9 废电机、废变压器的处理

7.9.1 当采用物理方法处理时，在拆解过程产生的废油等液态废物应通过有效的设施进行单独收集，并按照危险废物进行处置，对所产生的粉尘、废渣应按危险废物处置；

7.9.2 当采用焚烧方法处理时，对所产生的废气应设置废气处理系统，处理后废气排放应符合 GB 18484 的有关规定。

8 待处置废物污染控制技术要求

8.1 对附录 B 要求取出的、不能再生利用的物质及处理过程中产生的不能再生利用的粉尘、废液、污泥及废渣等应分别处置。

8.2 对废弃印制电路板处理后，不能再生利用的粉尘、污泥、废渣应按危险废物处置。

8.3 对含发泡剂的聚氨酯硬质发泡材料进行处理后，当发泡剂的残余量大于 2%（重量比）时，应交给危险废物处理厂处置。

8.4 含发泡剂的聚氨酯硬质发泡材料处理过程中收集的粉尘，应按 GB 5085.1～7 进行鉴别，经鉴别属于危险废物的应按危险废物处置。

8.5 用吸附法处理废弃冰箱溢出的制冷剂、发泡剂气体时，当吸附剂不能再使用时应密闭保存，应交给危险废物处理厂处置。

8.6 处理废弃阴极射线管（CRT）后的粉尘、废液、污泥及废渣应按危险废物处置。

8.7 清除废弃硒鼓上含有砷化硒或硫化镉涂层时产生的粉尘应按危险废物处置。

8.8 荧光粉应按危险废物处置。

8.9 含多溴联苯（PBB）和多溴联苯醚（PBDE）等阻燃剂的废塑料不能再生利用时，宜按危险废物处置。

8.10 凡采用化学方法处理废弃电器电子产品产生的废液和污泥，应根据 GB 5085.1～7 进行危险废物鉴别，经鉴别属于危险废物的应按危险废物处置。

8.11 拆解取出有害物的处置

8.11.1 含多氯联苯（PCBs）系列的电容器应按危险废物处置，并应符合 GB 13015 的有关规定。

8.11.2 含汞及其化合物的废物应按危险废物处置。

8.11.3 含有石棉的部件及其废物应按危险废物处置。

8.11.4 润湿处理耐火陶瓷纤维的部件时，应采取防止飞散的措施并进行固化处理。

9 管理要求

9.1 收集商、运输商、拆解或（和）处理企业应建立记录制度，记录内容应包括：

　　a）接收的废弃电器电子产品的名称、种类、重量和/或数量、来源；

　　b）处理后各类部件和材料的种类、重量和/或数量、处理方式与去向；

　　c）处理残余物的种类、重量和/或数量、处置方式与去向。

9.2 收集商、运输商、拆解或（和）处理企业有关废弃电器电子产品收集处理的记录、污染物排放监测记录以及其他相关记录应至少保存 3 年以上，并接受环保部门的检查。

9.3 宜对收集商、运输商、拆解或（和）处理过程可能造成的职业安全卫生风险进行评估。应遵守国家相关的职业安全卫生标准，并制定操作时突发事件的处理程序。对可能受到有害物质威胁的员工应提供完整的防护装备和措施。

9.4 操作人员在拆解、处理新的废物类型时，应有技术部门人员的指导或岗前培训。

9.5 处理企业应对排放的废气、废水及周边环境定期进行监测。

9.6 处理后含有危险物质的材料应有相应的安全检测和风险评估报告，确保无环境和人身健康风险才可再生利用。

9.7 处理企业应按 GB 5085.1～7 危险废物鉴别标准，对处理过程中产生的固体废物进行鉴别，经鉴别属于危险废物的，应交有危险废物经营许可证的单位处置。

10 实施与监督

本标准由县级以上人民政府环境保护主管部门负责监督实施。

附 录 A

（规范性附录）

废弃电器电子产品的类别及清单

A.1 废弃电器电子产品类别

废弃电器电子产品包括计算机产品、通信设备、视听产品及广播电视设备、家用及类似用途电器产品、仪器仪表及测量监控产品、电动工具和电线电缆共七类，并包括构成其产品的所有零（部）件、元（器）件和材料。

A.2 各类废弃电器电子产品清单

A.2.1 计算机产品

    a）电子计算机整机产品

    b）计算机网络产品

    c）电子计算机外部设备产品

    d）电子计算机配套产品及材料

    e）电子计算机应用产品

    f）办公设备及信息产品

A.2.2 通信设备

    a）通信传输设备

    b）通信交换设备

    c）通信终端设备

d）移动通信设备及移动通信终端设备

e）其他通信设备

A.2.3 视听产品及广播电视设备

a）电视机

b）摄录像、激光视盘机等影视产品

c）音响产品

d）其他电子视听产品

e）广播电视制作、发射、传输设备

f）广播电视接收设备及器材

g）应用电视设备及其他广播电视设备

A.2.4 家用及类似用途电器产品

a）制冷电器产品

b）空气调节产品

c）家用厨房电器产品

d）家用清洁卫生电器产品

e）家用美容、保健电器产品

f）家用纺织加工、衣物护理电器产品

g）家用通风电器产品

h）运动和娱乐器械及电动玩具

i）自动售卖机

j）其他家用电动产品

A.2.5 仪器仪表及测量监控产品

　　a）电工仪器仪表产品

　　b）电子测量仪器产品

　　c）监测控制产品

　　d）绘图、计算及测量仪器产品

A.2.6 电动工具

　　a）对木材、金属和其他材料进行加工的设备

　　b）用于铆接、打钉或拧紧或除去铆钉、钉子、螺丝或类似用途的工具

　　c）用于焊接或者类似用途的工具

　　d）通过其他方式对液体或气体物质进行喷雾、涂敷、驱散或其他处理的设备

　　e）用于割草或者其他园林活动的工具

A.2.7 电线电缆

　　a）电线电缆

　　b）光纤、光缆

附录 B

（规范性附录）

预先取出的零（部）件、元（器）件及材料

废电器电子产品预先取出的零（部）件、元（器）件及材料中含有害物质种类及说明见下表：

序号	零部件、元（器）件及材料	有毒有害物质	说　明
1	含多氯联苯（PCBs）系列的电容器	PCBs、PCT	多氯二联苯（PCBs）和多氯三联苯（PCT）常作电容器绝缘散热介质。大的电容器用于功率因素校正和类似的功能的电器上，小的电容器用在荧光和其他放电照明器以及用于家用电器上的分马力电机。大型家用电器用电容器的较多
2	电池	Hg、Pb、Cd 及易燃物	含有重金属，如铅、汞和镉等的电池、氧化汞电池、镍镉电池以及锂电池等
3	含镉的继电器、传感器、开关等电接触件	Cd	触点材料为银氧化镉（AgCdO）的电器等电接触件
4	含汞的开关	Hg	利用汞（水银）位置变化，使电器倾倒时起断电保护的开关、电接触器、温度计、自动调温装置、位置传感器和继电器
5	印制电路板	Pb、Cr^{6+}、Cd、Br、Cl	印制电路板上含有各种元器件，其中 SMD 芯片电阻器、红外监测器和半导体中含有镉；封装电子组件用锡铅焊料中含有铅；印制电路板上含有溴化阻燃剂

序号	零部件、元（器）件及材料	有毒有害物质	说　明
6	阴极射线管（CRT）	Pb	阴极射线管上含铅的玻璃
7	气体放电灯等背投光源	背投光源里的 Hg	液晶显示器的背投光源及投影系统的高压汞灯
8	含有卤化阻燃剂的塑料	Br、Pb、Cd	既含有作阻燃剂的多溴联苯或多溴二苯醚，又有作稳定剂、脱模剂、颜料的铅与镉
9	氯氟氢（CFCs），氢氯氟氢（HCFCs）等或含有碳氢化合物（HCs）的制冷剂	CFC、HCFC、HFC、HCs	制冷机、冰箱等的制冷回路中含有消耗臭氧层或温室效应潜能（GWP）大于 15 的制冷剂，如氯氟烃（CFC）、氢氯氟烃（HCFC）、氢氟烃（HFC）或碳氢化合物（HCs）
10	石棉废物及含有石棉废物的元件	粉尘	电器电子中用作保温，绝缘的石棉布、石棉绳、软板等石棉系列
11	调色墨盒、液体和膏体和彩色墨粉	Pb、Cd、特殊碳粉	在打印机、复印机和传真机中使用的调色墨盒、液体和膏体和彩色墨粉，含有铅、镉、以及特殊碳粉
12	耐火陶瓷纤维（RCFs）的元件	玻璃状的硅酸盐纤维	用于家用电器中的加热器和干燥炉的内层。它们含有随意方向的碱性氧化物（Na_2O+K_2O+CaO+MgO+BaO），其含量小于或等于 18%（重量百分数）与石棉有相同的性质
13	含有放射性物质的部件	离子化辐射	一些类型的烟尘探测器含有放射性元素
14	硒鼓	Cd、Se	涂覆了砷化硒或硫化镉涂层的复印机硒鼓

注：随着科学技术的进步，电器电子产品的绿色设计、处理工艺和方法的改进，表中所列零（部）件、元（器）件及材料，应进行修订。

废弃家用电器与电子产品
污染防治技术政策

环发〔2006〕115 号

各省、自治区、直辖市环境保护局（厅）、科技厅、信息产业主管部门、商务厅：

为贯彻《中华人民共和国固体废物污染环境防治法》和《中华人民共和国清洁生产促进法》，减少家用电器与电子产品使用废弃后的废物产生量，提高资源回收利用率，控制其在综合利用和处置过程中的环境污染，现发布《废弃家用电器与电子产品污染防治技术政策》，请参照执行。

附件：废弃家用电器与电子产品污染防治技术政策

环保总局

科技部

信息产业部

商务部

二○○六年四月二十七日

废弃家用电器与电子产品污染防治技术政策

一、总则

（一）依据和目的

为了减少家用电器与电子产品的废弃量，提高资源再利用率，控制其在再利用和处置过程中的环境污染，根据《中华人民共和国固体废物污染环境防治法》、《中华人民共和国清洁生产促进法》和国家有关环境保护法律、法规，制定本技术政策。

（二）适用范围

本技术政策所称的家用电器是指家用电器及类似用途产品，包括电视机、电冰箱、空调、洗衣机、吸尘器等；电子产品是指信息技术（IT）和通信产品、办公设备，包括计算机、打印机、传真机、复印机、电话机等。

本技术政策适用于家用电器与电子产品的环境设计、废弃产品的收集、运输与贮存、再利用和处置全过程的环境污染防治，为废弃家用电器与电子产品再利用和处置设施的规划、立项、设计、建设、运行和管理提供技术指导，引导相关产业的发展。

（三）定义

1. 废弃家用电器与电子产品：是指已经失去使用价值或因使用

价值不能满足要求而被丢弃的家用电器与电子产品，以及其元（器）件、零（部）件和耗材，包括：

（1）消费者（用户）废弃的家用电器与电子产品；

（2）生产过程中产生的不合格产品及其元（器）件、零（部）件；

（3）维修、维护过程中废弃的元（器）件、零（部）件和耗材；

（4）根据有关法律法规，视为电子废物的。

2．有毒有害物质：指家用电器与电子产品中含有的铅、汞、镉、六价铬、多溴联苯（PBB）和多溴二苯醚（PBDE）以及国家规定的其他有毒有害物质。

3．生产者：家用电器与电子产品或元（器）件、零（部）件等品牌（商标）的所有者，包括：

（1）使用自己的品牌（商标），制造和销售家用电器与电子产品或元（器）件、零（部）件；

（2）使用自己的品牌（商标），转售由其他供应商生产的家用电器与电子产品或元（器）件、零（部）件；

（3）家用电器与电子产品进口商。

4．再使用：指废弃家用电器与电子产品或其中的元（器）件、零（部）件，经简单维修后用于原来用途的任何行为，但不包括废旧家用电器与电子产品转由他人的直接再使用。

5．再利用：指对废弃家用电器与电子产品或废弃材料的再加工，加工后材料的用途可与以前相同或不同，但不包括对废弃材料直接焚烧进行的热能回收。

6．处理：指对废弃家用电器与电子产品清除污染、拆解、破碎、再利用的活动。

7．处置：废弃家用电器与电子产品经处理后，产生的无法进一步再使用、再利用的残余物，采用焚烧、填埋或其他方式，以达到减容、减少或消除其危害性的活动。

（四）指导思想

1．推行"三化"原则

（1）减量化：通过对家用电器与电子产品的环境友好设计，减少产品中有毒有害物质和材料的使用，延长产品的使用寿命，改善产品再利用特性，从而减少电子废物的产生量和危害性。

（2）资源化：通过对家用电器与电子产品及其元（器）件、零（部）件等的再使用和再利用，提高废弃家用电器与电子产品的再利用率。

（3）无害化：通过采用先进、适用的处理和处置工艺技术，控制废弃家用电器与电子产品再利用和处理处置过程中的环境污染。

2．实行污染者负责的原则

国家对废弃家用电器与电子产品污染环境防治实行污染者负责的原则。

家用电器与电子产品的生产者（包括进口者）、销售者、消费者对其产生的废弃家用电器与电子产品依法承担污染防治的责任。

（五）目标

1．国家适时发布、更新产品中禁止、限制使用的有毒有害物质名录，实施产品市场准入制度，推行环境友好产品的政府绿色采购政策，从源头减少和控制产品中有毒有害物质的使用。

2. 建立相对完善的废弃家用电器与电子产品回收体系，采用有利于回收和再利用的方案，逐步提高废弃家用电器与电子产品的环境无害化回收率和再利用率。

3. 规范废弃家用电器与电子产品再利用过程的环境行为，控制污染物排放；再利用过程中产生的危险废物纳入危险废物处置体系，基本得到安全无害处置。

（六）公众参与

开展公众环境宣传和教育，提高公众的环境保护和资源节约意识，采取措施激励生产者、销售者、消费者和再利用者等各相关方参与废弃家用电器与电子产品的回收和再利用的积极性。

二、环境友好设计

（一）减少有毒有害物质的使用

1. 鼓励家用电器与电子产品中不使用或减少使用有毒有害物质，开发使用安全无毒害、低毒害的替代物质。

2. 国家按家用电器与电子产品种类，分时段逐步限制和禁止有毒有害物质的使用。

（二）延长产品使用寿命

鼓励通过采用模块化设计，元（器）件和零（部）件的寿命趋同设计，易维修、易升级设计等，延长产品的使用寿命。

（三）提高产品的再使用和再利用特性

生产者不应通过特殊设计或者加工工艺故意阻止产品废弃后的再使用，但若该设计或者加工工艺更有利于环境保护和安全的要求时，则不在此限。

鼓励减少使用材料的种类，多使用易回收利用材料，采用国际通行的标识标准对零（部）件（材料）进行标识，采取有利于废弃产品拆解的设计和工艺，提高废弃产品的再利用率。

（四）提高产品零（部）件的互换性

通过标准化使产品的通用零（部）件，在不同品牌或同一品牌的不同型号之间实现互换。

（五）合理使用包装材料

采取易于回收和再利用或易处理的包装材料，提高包装材料的回收和再利用率，限制过度包装，减少废弃包装物的产生量。

三、有毒有害物质的信息标识

（一）在有毒有害物质完全禁止使用之前，逐步推行有毒有害物质的信息标识制度。

生产者应在其产品的元（器）件、零（部）件上按照国际通行的或国家有关的信息标识标准，标明产品中含有毒有害物质的名称或代码，由于体积或功能的限制不能在产品上注明的，应在说明书中予以注明。

（二）生产者宜向家用电器与电子产品再使用者和处理处置者提供相关资料和信息，尤其是含有毒有害物质元（器）件名称和元（器）

件装配部位等信息。

四、收集、运输及贮存

（一）鼓励建立多方参与的、符合不同种类和来源的废弃家用电器与电子产品回收系统。在建立回收体系时，应考虑来自政府机构、企事业单位和来自居民家庭的废弃家用电器与电子产品回收的不同特点。

（二）国家鼓励行业协会等非政府组织建立废弃家用电器与电子产品信息系统，为废弃产品的回收提供信息服务。

（三）废弃家用电器与电子产品的回收可采用付费、互换、无偿交易等市场手段，鼓励消费者（用户）将废弃产品交到指定的回收站点或与回收者预约上门收集。

（四）回收者收集的废弃家用电器与电子产品应送往具有相关资质的企业进行专业化、无害化地集中处理处置。

（五）废弃家用电器与电子产品在运输过程中应采取适当的包装措施，避免在运输过程中一些易碎产品或零部件破碎或有毒有害物质的泄漏、释出。

（六）废弃家用电器与电子产品的贮存应使用专门的存放场地，地面防渗漏处理，有防雨淋的遮盖物。

五、再使用

国家鼓励废弃家用电器与电子产品的再使用，但应遵循以下基本要求：

1. 从事废弃家用电器与电子产品再使用的厂商应具备必要的污

染防治设施，在再使用过程中应采取必要的污染防治措施。

2．家用电器与电子产品的再使用不宜采用一些破坏性的操作，导致大量废元（器）件、零（部）件产生，或者一些有毒有害物质的释出。

六、处理处置

（一）处理处置厂的要求

1．处理处置厂的选址应符合国家及地方的相关规划要求。处理处置厂不应选在自然保护区、风景名胜区、生活饮用水水源保护区和人口密集的居住区，以及其他需要特殊保护的地区。

2．废弃产品中含有毒有害物质元（器）件、零（部）件的破碎、分选都应当在封闭设施中进行，产生的废气、粉尘应收集净化，达标后排放。

3．处理处置厂应设置废液收集设备与容器，作业场所的地面应采取防渗漏处理，清洗废水进行预处理，达标后排放。

4．处理处置过程中产生的残渣，以及废水处理过程中产生的污泥，应按照危险废物鉴别标准（GB 5085.1～3—1996）进行危险特性鉴别。属于危险废物的，应按照危险废物处置，不得混入生活垃圾。

（二）拆解

1．废弃家用电器与电子产品无法维修或升级再使用时，应以手工或机械的方式进行拆解，分别进行处理。

对于拆解下的有使用价值的元（器）件、零（部）件，应首先考虑再使用；对于那些无法继续再使用的（元）器件、（零）部件等，应送往专业的再利用厂，回收利用其中的金属、玻璃和塑料等材料。

2．含下述物质的元（器）件、零（部）件应单独拆除，分类收集：

（1）显示器、电视机中的阴极射线管（CRT）；

（2）表面积大于 100 cm^2 的液晶显示屏（LCD）及气体放电灯泡；

（3）表面积大于 10 cm^2 的印刷线路板；

（4）含多溴联苯或多溴二苯醚阻燃剂的塑料电线电缆、机壳等；

（5）多氯联苯电容器及含汞零（部）件；

（6）镉镍充电电池、锂电池等；

（7）废电冰箱、空调器及其他制冷器具压缩机中的制冷剂与润滑油。

（三）含危险物质的零（部）件的处理

1．阴极射线管（CRT）

（1）彩色阴极射线管含铅玻锥与无铅玻屏应分类收集。含铅玻锥可作为阴极射线管玻壳制造厂的制造原料，或以其他的方式再利用和安全处置。

（2）玻屏上的含荧光粉涂层可采用干法或湿法两种工艺进行清除：

①采用干法工艺清除玻屏上的荧光粉涂层时，应安装粉尘抽取和过滤装置，并妥善收集荧光粉；

②采用湿法工艺洗涤玻屏上的荧光粉涂层时，产生的洗涤废水

需经处理达标后排放，含荧光粉的污泥应进行无害化处置。

2．液晶显示器（LCD）

（1）便携式电脑及其他表面积大于 100 cm^2 的液晶显示屏应以非破坏方式分离，将其中的液晶面板（其包覆的液晶不得泄漏）、背光模组及驱动集成电路拆除。

（2）液晶物质的无害化处理可采用加热析出，催化分解技术。

（3）从背光模组中拆下的冷阴极荧光管可送往专业的汞回收厂回收汞，或者连同其他含汞荧光灯管一起按照危险废物处置。

3．线路板

（1）加热熔化锡铅焊料拆除线路板上元（器）件、零（部）件时，应使用抽风罩抽取焊料熔化时产生的铅烟（尘），处理达标后排放。

（2）线路板上拆下的芯片、含金连接器及其他含贵金属的废料可通过溶蚀、酸洗、电解及精炼等工艺方法回收其中的金、银、钯等贵金属，并且回收处理装置应有相配套的环保设施。

禁止采用无环保措施的简易酸浸工艺提取金、银、钯等贵重金属，禁止随意倾倒废酸液和残渣。

（3）线路板上拆下的多氯联苯电容器等危险废物须送危险废物处置厂处置。

（4）被拆除芯片、电容器及其他元（器）件的线路板，可采用破碎、分选的方法回收铜、玻璃纤维和树脂，破碎应在封闭的设施中进行，并配备相应的粉尘处理装置。

4．含多溴联苯或多溴二苯醚阻燃剂的电线电缆、塑料机壳

（1）含多溴联苯（PBB）和多溴二苯醚（PBDE）的电线电缆、塑料机壳与其他普通的电线电缆和塑料分类收集。

（2）含多溴联苯（PBB）和多溴二苯醚（PBDE）电线电缆中铜、铝等金属的回收宜采用物理方法，且粉碎和分选工艺应在封闭的设施中进行，分离出的电线电缆覆层应进行无害化处置。

禁止露天或使用无环保措施的简易焚烧炉焚烧电线电缆，回收其中的铜、铝等金属。

（3）含多溴联苯（PBB）和多溴二苯醚（PBDE）的塑料机壳，应进行无害化处置。

5．电池

废弃家用电器与电子产品拆解下的各类电池（蓄电池、充电电池和纽扣电池）的处理处置遵循《废电池污染防治技术政策》及相关规定和标准要求。

（四）处置

1．为了提高废弃家用电器与电子产品的再利用率，节约资源，在经济合理、技术可行的情况下，优先考虑再使用和再利用，其次再考虑焚烧或填埋处置。

2．禁止含阴极射线管的计算机显示器和电视机直接进入生活垃圾填埋场和生活垃圾焚烧厂处置。

3．废弃家用电器与电子产品处理过程中产生的各类危险废物或残余物应采用焚烧、填埋或其他适当的方式进行处置，废水、废气

的排放应满足相关的环境保护标准要求。

七、鼓励发展的技术和装备

（一）鼓励研究、开发替代锡/铅焊接生产工艺、替代含溴阻燃剂技术等。

（二）鼓励研究、开发阴极射线管和液晶显示器的拆解、再利用和处置的成套技术和装备。

（三）鼓励研究、开发各类废弃家用电器与电子产品的破碎、分选及无害化处置的技术和装备。

（四）鼓励开发、利用家用电器与电子产品无害化或低害化的生产原材料和生产技术。

（五）鼓励电冰箱、空调器中的 CFCs 制冷剂和发泡剂替代技术推广应用，采用零臭氧损耗、低温室效应，具备高效能的物质替代CFCs。

（六）鼓励研究开发废弃电冰箱、空调器及其他制冷器具压缩机中 CFCs 制冷剂的回收技术与装备。

八、鼓励性政策法规及标准

（一）国家制定产品中禁止、限制使用的有毒有害物质名录，分批、分期禁止含有毒有害物质的家用电器与电子产品的销售。

（二）国家建立和完善政府绿色采购政策和相关的采购标准，优先采购环境友好的产品，引导家用电器与电子产品的生产向绿色化方向发展。

政府采取分阶段、逐步推进的方式实施家用电器与电子产品的绿色采购政策，具体实施阶段包括：

——优先采购阶段：分类优先采购符合绿色采购标准的家用电器与电子产品；

——禁止采购阶段：分类禁止采购不符合绿色采购标准的家用电器与电子产品。

（三）政府加强有关技术法规、标准的研究和制定，制订废弃产品拆解、再利用和处置的环保技术规范，产品中有毒有害物质含量限值等标准。

（四）国家研究废弃家用电器与电子产品污染防治有关的技术标准体系，制订产品生态设计标准、再使用产品标准、产品或部件回收利用的标识标准、回收利用率和再利用率计算方法标准等。